全国高等职业教育"十二五"规划教材
中国电子教育学会推荐教材
全国高等院校规划教材·精品与示范系列

U0210427

AutoCAD 工程绘图
项目化教程

潘洪坤　陈佳彬　主　编

张　也　梅韶南　副主编

殷建国　主　审

電子工業出版社.

Publishing House of Electronics Industry

北京·BEIJING

内 容 简 介

本书按照教育部新的职业教育教学改革要求，结合国家示范建设课程改革成果进行编写，注重学生实践技能的培养，以"项目任务案例"的形式安排教学，主要介绍 AutoCAD 在机械、电气、建筑专业方面的绘图方法与技巧，以及三维绘图的操作技能。本书包括 10 个任务，设置有任务导入、知识探究、实例及操作训练等栏目，通过典型任务对本课程知识进行探索讲解，并配有大量的操作练习，采用"边讲边练、学做结合"的教学模式，使学生学以致用，切实提高学生的技能操作水平与综合应用能力，为优先上岗就业打下良好基础。

本书为高等职业本专科院校相应课程的教材，也可作为开放大学、成人教育、自学考试、中职学校和培训班的教材，以及工程人员的参考书。

本书提供免费的电子教学课件、习题参考答案、操作视频，详见前言。

图书在版编目（CIP）数据

AutoCAD 工程绘图项目化教程/潘洪坤，陈佳彬主编. —北京：电子工业出版社，2017.2（2024 年 9 月重印）

全国高等院校规划教材. 精品与示范系列

ISBN 978-7-121-30714-0

Ⅰ. ①A⋯　Ⅱ. ①潘⋯　②陈⋯　Ⅲ. ①工程制图—AutoCAD 软件—高等学校—教材　Ⅳ. ①TB237

中国版本图书馆 CIP 数据核字（2016）第 314541 号

策划编辑：陈健德（E-mail：chenjd@phei.com.cn）
责任编辑：刘真平
印　　刷：北京七彩京通数码快印有限公司
装　　订：北京七彩京通数码快印有限公司
出版发行：电子工业出版社
　　　　　北京市海淀区万寿路 173 信箱　邮编 100036
开　　本：787×1 092　1/16　印张：14.25　字数：364.8 千字
版　　次：2017 年 2 月第 1 版
印　　次：2024 年 9 月第 5 次印刷
定　　价：34.00 元

前　言

　　本书按照教育部新的职业教育教学改革要求，结合国家示范建设课程改革成果进行编写。该课程组根据多年的教学经验和行业实践活动，以培养学生的岗位工作技能为目标，通过"项目任务案例"形式安排教学。为方便各院校在现有环境中开展教学，本书以 AutoCAD 2008 为主进行介绍，其他版本 AutoCAD 的基本功能均与此相同，通过本课程学习后经过较短时间就可以熟练操作其他版本的软件，其操作方法与绘图技巧相类似。本书所选的实例都已根据多年教学实践及企业需求加以改进，力求体现创新性、实用性。

　　本书内容由浅入深，结构新颖，一个项目就是一个知识单元，重点突出，主题鲜明，注重学生的岗位技能需求以及课程知识的完整性，以"项目引导、任务驱动"模式编写，突出工作过程的导向性，提出任务实施的理论知识内容，配有大量的相关练习，努力脱离传统的理论教材，采用"理实一体化"模式，注重案例化教学。

　　本书由 10 个任务组成，每个任务设置有任务导入、知识探究、实例及操作训练等栏目。其中任务 1～9 讲述 AutoCAD 基本命令的使用方法；任务 10 讲述 AutoCAD 的综合应用技巧，突出 AutoCAD 在机械、电气、建筑专业方向的绘图方法与技巧，以及三维绘图的操作技能。本书在知识结构和案例选择上具有以下特点：

　　1. 采用案例化教学，所选的项目任务都已根据企业工程技术人员的绘图要求加以改进，符合高等职业教育教学改革的要求。

　　2. 实例内容科学合理，其可操作性和应用性较强，能够达到课程培养目标要求。

　　3. 内容结构合理，实践性内容较多，技术难度适中，可作为 AutoCAD 操作学习与提高类教材。

　　4. 考虑学生就业的方便性，所选案例涉及机械、电气、建筑三个方向，也可作为不同专业的教材。

　　5. 配有综合实例操作视频，引导学生快速掌握操作技巧。

　　本书由大连职业技术学院潘洪坤、黎明职业大学陈佳彬任主编，由大连职业技术学院张也、梅韶南任副主编。其中任务 1～2 由张也编写，任务 3～6 由潘洪坤编写，任务 7～8 由梅韶南编写，任务 9 由陈佳彬编写，任务 10 由潘洪坤和陈佳彬共同完成。全书由大连职业技术学院殷建国教授主审。

　　在编写过程中，还得到编者所在学院领导、同行以及合作企业技术人员的大力支持，在此一并表示感谢。

　　尽管我们在本课程改革方面做了许多的努力，但由于编者水平及时间有限，书中仍可能存在不当之处，恳请各相关院校同行和读者提出意见，以便后续不断完善。

　　为了方便教师教学，本书还配有免费的电子教学课件、习题参考答案、综合实例操作视频，请有此需要的教师登录华信教育资源网（http://www.hxedu.com.cn）免费注册后进行下载，有问题时请在网站留言或与电子工业出版社联系（E-mail：hxedu@phei.com.cn）。

编　者

目　录

任务 1

AutoCAD 的基本知识和技能

内容提要：介绍 AutoCAD 的界面、文件操作及图形显示。

任务导入

作为一款计算机辅助设计软件，学习 AutoCAD，首先不是急于掌握怎样用它绘制图线，而要首先了解软件的界面和基本操作方法，这样才能更方便快捷地进行精确的设计工作。

知识探究

CAD 的英文全称为 Computer Aided Design（计算机辅助设计）。"设计"这一概念涵盖了极为广泛的内容，制图是设计的一项重要环节。AutoCAD 主要是一个用来解决绘图环节的软件，可理解为 Computer Aided Drawing。

AutoCAD 在制图方面有着极大的通用性。尽管现在功能强大的辅助设计软件层出不穷，然而 AutoCAD 仍在机械、电子建筑和服装等行业中广泛使用，尤其在二维绘图方面，有其独特的优越性。其应用主要表现在以下方面：

（1）机械零件工程图绘制。AutoCAD 最常用、其主要的功能就是它强大的二维绘图及图形编辑功能。它可以完成模型空间的图形绘制，以及在图纸空间中进行图样的页面布局。

（2）机械零件的三维建模与着色渲染效果。AutoCAD 提供了多种基本实体的建模以及拉伸、旋转、扫掠、放样和三维布尔运算等多种建模方法。

（3）产品装配工程图处理与三维产品装配、外部参照、图块等功能，以及对齐等三维操作命令可以完成二维与三维的产品装配。

（4）三维模型转化为二维工程图。在多个视口中通过不同的视向以及剖切等功能，将三维模型转化为二维三视图。

（5）建筑的平面布置与三维效果。在三维效果方面，不仅有实体的表达，而且还可以通过网格曲面创建更为复杂的效果。

（6）在服装设计行业的应用。

（7）二次开发功能。用户可以根据需要来自定义各种菜单以及与图形有关的一些属性。AutoCAD 提供了一种 Visual LISP 编辑开发环境，用户可以运用 LISP 语言定义新命令，开发新的应用和解决方案。用户还可以利用 AutoCAD 的一些编辑接口 Object ARX，使用 Visual C++和 Visual Basic 语言对其进行二次开发。

AutoCAD 在使用上具有以下特点，可以使操作更方便、灵活。

（1）快速方便地进行绘图与图形编辑。

（2）自由灵活地修改图样。

（3）各图形图元、装配与零件等均是不互相依赖的，不同于其他一些软件，相互参照严格，更改部分图形会引起建模失败。

（4）图块等可以多次使用，提高绘图设计效率。

（5）绘图与建模不受单位的影响，并且可进行任意比例缩放。

1.1 AutoCAD 的操作界面

启动 AutoCAD 2008 的 3 种方式：①双击桌面 AutoCAD 2008 的图标；②右击 AutoCAD 2008 图标，从弹出的快捷菜单中选择"打开"选项；③单击"开始"→"程序"→"Autodesk"→"AutoCAD 2008-Simplified Chinese"→"AutoCAD 2008"命令。启动的操作界面如图 1-1 所示。

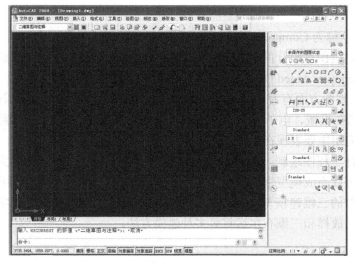

图 1-1　AutoCAD 2008 的操作界面

AutoCAD 2008 的界面主要由标题栏、菜单栏、工具栏、绘图窗口、命令行窗口、文本窗口、工具选项板、面板以及状态栏等几部分组成。

1.1.1 标题栏与菜单栏

1. 标题栏

标题栏在屏幕顶部，显示软件名称 AutoCAD 2008、当前文件路径及文件名称。标题栏右侧是 Windows 标准应用程序的控制按钮，分别为最小化、还原和关闭按钮。用户可以通过这些控制按钮来操作 AutoCAD 2008 的窗口。

2. 菜单栏

标题栏下方是菜单栏，AutoCAD 2008 共有 11 个菜单，用户可以选择相应的菜单，弹出该类菜单的下拉菜单，然后再选择需要执行的命令，从而完成 CAD 命令的启动。有的下拉菜单右侧还有一个黑色的三角符号，表示该菜单还有下级菜单，称级联菜单。只需要将光标置于三角符号所在的菜单项上，级联菜单即可展开，如图 1-2 所示。呈灰色的菜单，表明在当前条件下，该功能不能使用。

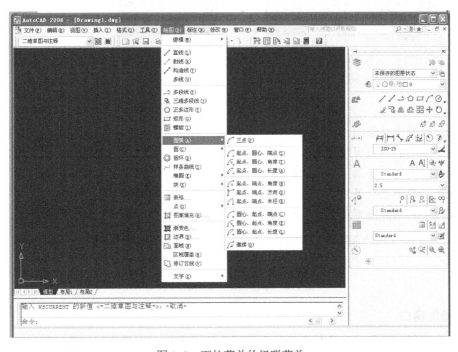

图 1-2 下拉菜单的级联菜单

1.1.2 工具栏与右键应用

1. 工具栏

工具栏提供了更为方便执行 AutoCAD 2008 命令的方式。工具栏由各种不同类型的工具条组成，每类工具条包含一系列表示各种命令的图标按钮，用户可以通过单击工具条上相应的按钮来执行各种命令。通过单击工具条图标与选择菜单执行 AutoCAD 2008 命令等效。

用户可以根据自己的习惯以及绘图实际情况，打开相应的工具条添加在屏幕上。打开工具条添加到屏幕的方法是：在任意工具条的任意按钮上右击，弹出工具栏快捷菜单，如图 1-3 所示，从快捷菜单中勾选所需工具条即可打开。

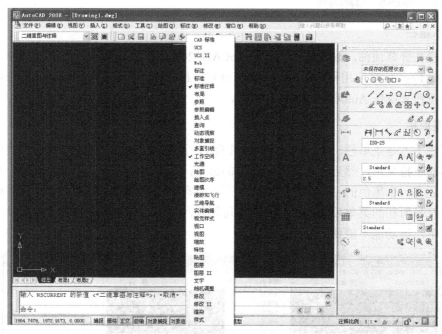

图 1-3　右键快捷菜单工具栏列表（部分）

此外，屏幕工具条的显示也可以在"自定义"对话框中，通过定义工作空间来操作。工具条可以是浮动的，也可以是固定的。活动工具条可以放置在屏幕的任意位置，固定工具条放置在绘图区周边。浮动工具条的位置可以通过鼠标来拖动放置。用鼠标左键按下工具条前方双短线条（固定工具条）或上部蓝条（浮动工具条）位置不放，拖动到适当的位置松开左键即可完成工具条的位置移动，如图 1-4 所示。

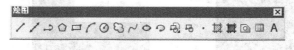

图 1-4　单击鼠标左键移动工具条

2. 绘图窗口

屏幕中大部分黑色（默认颜色）的区域即为绘图窗口，它是绘制、编辑和显示图形的区域。

1.1.3　绘图窗口与命令栏

1. 命令行窗口

命令行窗口位于绘图窗口的下方。命令行窗口有两项功能：①显示输入命令及历史命令；②显示操作提示，是进行人机对话的窗口。初学者一定要注意命令行窗口的提示，对于学习会有较好的引导作用。

用户可以直接在命令行窗口中输入 AutoCAD 2008 命令或快捷命令，如输入直线绘制命令 "Line" 或 "L"，按<Enter>键在命令窗口中就会出现提示，如图 1-5 所示。

图 1-5 命令行窗口显示绘图提示

默认情况下，命令行窗口为 3 行，最下面一行显示当前命令，其余各行显示历史命令。命令行窗口的大小可以调整，调整的方法为将光标置于命令行窗口上方，当光标形状变为 ⇕ 时单击鼠标左键，拖动到适当的位置松开，命令行行数即可增多或减少。

2．文本窗口

文本窗口类似于命令行窗口，显示 AutoCAD 的命令执行过程记录，用户可以通过文本窗口查看 AutoCAD 命令执行的历史记录。文本窗口通常不在屏幕显示，用户可以通过切换键<F2>来切换文本窗口的打开或关闭，打开的文本窗口如图 1-6 所示。

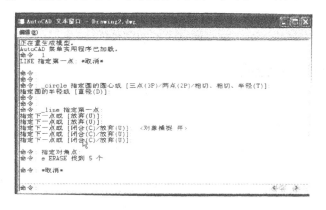

图 1-6 文本窗口

1.1.4 状态栏

状态栏位于 AutoCAD 主窗口的底部，用于显示和控制绘图环境及绘图状态，主要由一些控制按钮组成，如图 1-7 所示。

图 1-7 状态栏

状态栏最前方的一组数字是光标当前位置的坐标值，后方按钮用于控制绘图的状态。单击各按钮，可以打开或关闭控制状态，按钮呈现凹下去的状态时为开，呈现凸起来的状态时为关。打开各按钮后的意义说明如下。

（1）正交：绘制直线型图形时，光标轨迹只能水平或竖直移动。

（2）极轴：绘图时出现极轴引导线。

（3）对象捕捉：捕捉线条特殊点，如端点、中点、交点、圆心等。

（4）对象追踪：追踪捕捉线条特殊点。

（5）DUCS/DYN：这两个按钮用于控制绘图时是否显示动态输入点。

（6）线宽：显示线宽，只有打开此按钮，绘图空间中的线宽区别才能显示出来。

（7）模型/图纸按钮：显示当前绘图状态是模型还是图纸状态，单击按钮进行图纸空间与模型空间的转换，展开后方的两个黑色三角符号，可以选择不同的布局。

当从选项中设置了在绘图区域显示"图纸/模型"选项卡时，状态栏中的"图纸/模型"按钮隐藏。设置方法为在屏幕中单击鼠标右键，从弹出的快捷菜单中选择"选项"，打开"选项"对话框，选择对话框上方的"显示"选项按钮，勾选"布局元素"中的"显示布局和模型选项卡"复选框。

单击确定，返回屏幕，可发现绘图区下方有"布局/模型"选项卡，而状态栏中的"布局/模型"选项按钮隐藏。

（8）注释比例（1:1）：用于设置创建注释的比例（工具选项板上创建注释），默认为1:1，即在图中绘制一单位的长度，代表着实际对象的一个单位长度。展开比例的下拉列表符号，可以选择绘图的尺寸与实际对象尺寸的比例，也可以选择"自定义"选项，用户可以自己设定比例。

（9）"锁定"按钮：用于锁定工具条位置等，详见前面"工具条"的介绍。

（10）"全屏显示"按钮：单击可全屏显示绘图区域。

1.1.5　工具选项板与面板

1. 工具选项板

工具选项板提供了一种用来组织、共享和放置块、图案填充及其他工具的有效方法，既可以作为一般设计绘图时快捷获得某些图块的工具，也可为专业行业的二次软件开发提供准备。

工具选项板提供了各种不同行业的常用图块，用户可以根据需要单击各选项卡，如"机械"、"电力"、"建筑"等，然后从选项板上单击选取所需要的图块图形工具，快速获得所需图块。例如，需要快速获得一枚 M10 的带肩螺钉，可选择"机械"选项，在选项板中选择"带肩螺钉公制"，然后在屏幕中适当位置定位螺钉。在屏幕中选择该螺钉，单击右下角的夹点，从中选择螺纹型号，如图 1-8 所示。

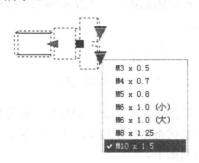

图 1-8　从工具选项板中快速获得图块并设置规格

工具选项板可以显示、隐藏或关闭。用鼠标左键按下工具选项板的蓝色条形部分或上方双横条部分，可以移动到任何位置。单击选项板下方的符号，可以自动隐藏选项板。也可以

单击右上方的关闭符号将其关闭。打开或关闭工具选项板可以使用组合键<Ctrl+3>来控制，也可以通过选择菜单"工具"→"选项板"→"工具选项板"来实现。

2．面板

面板是一种特殊的选项板，用于显示与基于任务的工作空间关联的按钮盒控件。面板提供了与当前工作空间相关的操作的单个界面元素，可以理解为一个大的工具条，使用户无须显示多个工具栏，从而使得应用程序窗口更加整洁。显示在面板左侧的大图标称为控制面板图标。每个控制面板图标均标示了该控制面板的作用。在有些控制面板上，如果单击该图标，还将打开包含其他工具和控件的滑出面板。当单击其他控制面板图标时，已打开的滑出面板将自动关闭。每次仅显示出一个滑出面板。每个控制面板均可以与一个工具选项板组关联。要显示出关联的工具选项板组，请单击工具或打开滑出面板。

在水平方向设定面板的大小。如果没有足够的空间在一行中显示所有工具，将显示一个黑色下箭头，该箭头称为上溢控件，单击上溢控件，可显示整个工具。

目前，执行一个 AutoCAD 2008 命令的方法很多，可以通过单击工具条访问，可以通过相应的菜单访问，也可以从命令行输入相应的命令启动，还可以单击面板上的相应按钮来启动命令。

面板与工具选项板一样，可以显示、隐藏或关闭。

默认情况下，当使用二维草图与注释工作空间或三维建模工作空间时，面板将自动打开。如果手动打开面板，操作为选择菜单"工具"→"选项板"→"面板"，也可以从命令行输入"DASHBOARD"按<Enter>键确认。

隐藏或显示面板的操作与工具选项板操作相同。

1.2　文件操作

文件的操作主要指文件的创建、打开、保存等操作。

1.2.1　创建文件

采用下列任何一种方式执行新建 AutoCAD 文件的命令：

（1）选择菜单"文件"→"新建"。

（2）单击"标准"工具条上的"新建"图标按钮。

（3）直接在命令行中输入新建文件的命令 NEW，按<Enter>键或<Space>键确认。

（4）按组合键<Ctrl+N>。

启动新建命令后，AutoCAD 2008 弹出"选择样板"对话框，如图 1-9 所示。

对话框中有许多根据各种标准制定的样板，样板形式在对话框的右上方有预览，用户可以选择所需要的样板打开，新建的文件图形就是该样板的形式。如果不需要使用样板，则单击"打开"按钮旁边的小三角符号，展开下拉列表，选择"无样板打开-公制"选项，如图 1-10 所示。

"选择样板"的默认样板为 acadiso 形式，也是一个无图的样板。选择打开样板后，对话框关闭，返回绘图状态，接下来就可以绘图了。

AutoCAD 工程绘图项目化教程

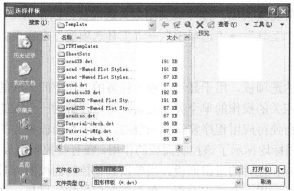

图 1-9　"选择样板"对话框

图 1-10　创建不需要样板的新文件

1.2.2　**保存文件**

1．文件直接保存

采用下列任何一种方式执行保存 AutoCAD 文件的命令：

（1）按下组合键<Ctrl+N>。

（2）单击"标准"工具条上的"保存"图标按钮。

（3）选择菜单"文件"→"保存"。

（4）直接在命令行中输入保存文件的命令"Save"或"Qsave"，按<Enter>键或<Space>键确定。

如果是新文件第一次保存，则系统会弹出"图形另存为"对话框，如图 1-11 所示。

用户需要：①在"保存于"的下拉列表中浏览保存路径；②在"文件名"后的文本框中为文件命名（如"齿轮轴"等）；③在"文件类型"后的下拉列表中选择适当的格式（普通的图形文件为 AutoCAD 2008 的*.dwg，即 AutoCAD 2008 也可以打开文件）。然后单击"保存"按钮，保存文件，系统返回到绘图形态。

如果文件已经保存过，修改后保存时，系统不会弹出对话框，只在 AutoCAD 的命令窗口中有显示，在文本窗口中有记录。

图 1-11　"图形另存为"对话框

2．保存副本文件

在实际绘图工作中，往往需要将文件保存为副本，稍做修改形成新的文件。文件保存为副本对话框以及对话框的操作与保存新文件相同。执行保存副本文件的命令如下。

（1）选择菜单"文件"→"另存为"。

（2）按下<Ctrl+Shift+S>组合键。

3．设置文件的打开口令（为文件加密码）

采用以下任一方式打开"选项"对话框。

（1）选择菜单"工具"→"选项"。

（2）在绘图窗口中单击鼠标右键，从弹出的快捷菜单中选择"选项"。

在"选项"对话框中选择"打开和保存"选项卡，如图 1-12 所示。

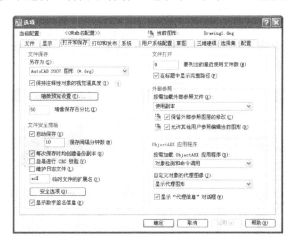

图 1-12　"打开和保存"选项卡

单击"安全选项"按钮，弹出"安全选项"对话框，如图 1-13 所示。

单击"密码"选项卡，在"用于打开此图形的密码或短语"文本框中输入打开图形的密码，然后单击对话框中的"确定"按钮，弹出"确认密码"对话框，再次输入密码确认，如图 1-14 所示，单击"确定"按钮返回绘图区。

图 1-13 "安全选项"对话框

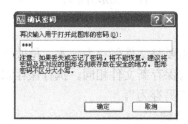

图 1-14 确认密码

1.2.3 打开图形文件

采用下列任一方式执行打开 AutoCAD 文件的命令：

（1）单击"标准"工具条上的"打开"图标按钮。

（2）选择菜单"文件"→"打开"。

（3）按下组合键<Ctrl+O>。

（4）直接在命令行中输入打开文件的命令"Open"，按<Enter>或<Space>键确认。执行命令后，系统弹出"选择样板"对话框，如图 1-15 所示。

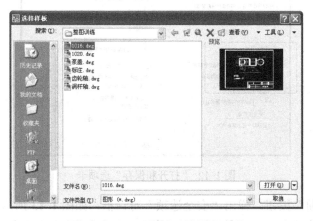

图 1-15 打开一个或多个图形文件

从中选择一个或多个需要打开的文件（选择多个文件时，需要按住<Ctrl>键，单击"打开"按钮，即可将 AutoCAD 文件打开到绘图窗口。

1.3　命令与数据的输入

对于初学者来说都不可避免会犯错误，下面在绘图前了解一下对于误操作的处理。

1．取消操作

启动命令后如果需要取消当前操作，按<Esc>键可退出命令。

2．删除图元

选中需要删除的图元后，进行下列任一操作均可删除图元：

（1）按<Delete>键。

（2）输入"E"，按<Enter>键确定。

（3）单击鼠标右键，从弹出的快捷菜单中选择"删除"。

<Delete>键是 Windows 系统的通用删除键，<E>是 AutoCAD 专用的删除快捷命令。

3．撤销

执行下列任一操作，均可取消前一次操作的命令，即每执行一次，就可以往前返回一步：

（1）单击"标准"工具条上的"重做"按钮，注意此按钮需先"撤销"操作后方可用。

（2）输入"R"后按<Enter>键确定。

1.4　图形的显示和控制

1.4.1　图形显示的平移与缩放

绘图时常有这样的经验，有些图形太大，超出了绘图窗口，有些又太小，在窗口中看不见，实时缩放、实时平移与窗口缩放为解决这一问题提供了帮助。

1．实时缩放

1）启动命令

（1）选择菜单"视图"→"缩放"→"实时"。

（2）单击"标准"工具条上的"实时缩放"图标按钮。

2）实时缩放的操作

启动命令后，光标变成手形。此时按下鼠标左键，同时向外侧滑动鼠标，则屏幕图形放大；向内侧滑动鼠标，则屏幕图形缩小。当放大或缩小图形到一定程度，不能再进行缩小或放大时，可以输入"RE"或选择菜单"视图"→"重生成"，再生视图显示，即可继续进行图形的实时缩放。

2．实时平移

1）启动命令

（1）选择菜单"视图"→"平移"→"实时"。

（2）单击"标准"工具条上的"实时平移"图标按钮。

（3）输入"P"按<Enter>键确定。

2）实时平移的操作

启动命令后，光标变成手形。此时按下鼠标左键，同时滑动鼠标，可移动屏幕图形，当移动图形到一定程度，不能再进行移动时，可以输入"RE"按<Enter>键来确认，或选择菜单"视图"→"重生成"，再生视图显示，即可再继续进行图形的实时平移。

3．窗口缩放

窗口缩放可用于查看布局详图。

1）启动命令

（1）选择菜单"视图"→"缩放"→"窗口"。

（2）单击"标准"工具条上的"窗口缩放"图标按钮。

（3）输入"Z"按<Enter>键确定。

2）窗口缩放的操作

启动命令后，光标变成十字光标，框选需要查看详情的部分，即可显示所选部分详情。

4．实时平移与缩放的中键操作

鼠标中间滚轮键也能实现实时平移和缩放的操作。将滚轮向外滚动，可实时放大图形；向内滚动，缩小图形；若按下中间滚轮不松开，移动鼠标，可对图形实现实时平移。

5．实时缩放、平移与窗口缩放的右键快捷操作

在启动了实时平移或实时缩放的命令后，单击鼠标右键，弹出快捷菜单，可实现缩放、平移与窗口缩放的右键快捷操作。缩放工具栏如图1-16所示。

图1-16　缩放工具栏

从快捷菜单中选择相应的选项，即可实现实时平移、实时缩放以及窗口缩放等，单击右键则退出实时命令。

6．全屏显示

输出"Z"按<Enter>键确定，再输入"E"按<Enter>键确定，或者双击鼠标中间滚轮键，可以全屏显示当前窗口中的所有图形。

> **注：**本节所讲述的平移和缩放并非真正改变图形的大小和位置，即图形中的尺寸以及每点的坐标位置并不发生改变，只是一种视觉上的变化，类似于戴上放大镜所看到的物体比实际物体的尺寸仿佛要大一些。

1.4.2　视口

1．视口的概念

视口是屏幕上用于显示的一个矩形区域。在默认的状态下，系统将整个绘图区域作为一

个视口。

此外，有时间可根据需要将绘图屏幕设置成多个视口，每个视口可以对图形进行不同的显示，以便清晰地描述物体的形状。但在同一时刻只有一个是当前视口，该视口处于活动状态，这个当前视口叫作工作视口。

2．视口的创建

创建视口的命令为 vports，或选择【视图】→<视口>，再选择级联菜单上的命令选项实现；或利用"视口"工具栏操作。

1.4.3　鸟瞰图

利用 AutoCAD 2006 的鸟瞰视图功能可以另外打开一个查看图形的窗口即"鸟瞰视图"窗口，在该窗口可以方便地观察复杂图形的某一局部的情况，更可以实时缩放与平移以更好地观察。

鸟瞰视图功能的命令为 dsviewer，或选择【视图】→<鸟瞰视图>。

查看操作：选择【视图】→<鸟瞰视图>打开"鸟瞰视图"窗口，单击"鸟瞰视图"窗口，移动查看矩形框，可进行移动查看，单击右键定位可锁住查看位置；两次单击窗口即可缩放查看矩形框，进行缩放查看。矩形框缩小可放大查看，矩形框放大可缩小查看。

1.4.4　图形的重画与重新生成

1．图形的重画

图形的重画功能可以清除绘图过程中屏幕上残留的光标定位点，使图形整洁清新。是否显示光标定位点由系统变量"Blipmode"决定。一般情况下 AutoCAD 系统变量"Blipmode"默认为"关"状态，不显示十字光标点，所以也无须重画。

若系统变量"Blipmode"处于"开"状态，可以用 BLIPMODE 命令，在提示下输入 OFF 可消除它。

图形重画的命令为 redrawall，或选择【视图】→<重画>。

2．图形重生成

一般当改变了文字样式、点的显示样式、标注的样式等具体的特征后，系统会重新计算与显示。但有的情况下需要使用图形的重新生成功能，来重新生成图形数据库、数据的索引、平滑因素等。例如，当改变了"曲面轮廓线"、"实体填充"等变量后，图形的显示并没有立刻变化，只有运行了重新生成功能后才按新的变量显示。

REGEN 的作用是：在当前视口中重新生成整个图形并重新计算所有对象的屏幕坐标。它还重新创建图形数据库索引，从而优化显示和对象选择的性能。

图形的重新生成命令为 Regen，或选择【视图】→<重新生成>。

1.4.5　模型空间与图纸空间

1．模型空间

模型空间主要用于绘图与设计工作，在模型空间看不到图形的布局情况。

2．图纸空间

图纸空间主要用于对图形最终形成图纸的布局而完成图纸的打印输出，在图纸空间中可以双击视口转换的模型空间，进行绘图操作。

模型空间与图纸空间的转换可以单击绘图区下方的"模型/布局"或状态栏上的"模型/图纸"转换开关实现。

操作训练 1

1．叙述命令行的作用。

2．叙述如何打开工具条、工具选项板和面板。

3．绘图过程中，当需要移动一个活动的工具条时，却发现用鼠标左键不能移动，且工具条呈现如图 1-17 所示状态，请问：需要如何处理才能解决这一问题？

图 1-17

4．用什么快捷键可以实现文本窗口的打开或关闭？

5．在绘图时，不小心启动错误命令，请问如何操作才能取消误操作的命令？

6．将一个窗口分成 4 个视口，保存为"View-1"恢复为一个视口，进行绘图和编辑，再次将"View-1"进行重置。

任务 **2**

AutoCAD 工作环境及设置

内容提要：通过实例，介绍 AutoCAD 的坐标系、草图设置方法及图层的创建。

任务导入

　　工程图、电路图是由线条组成的，线条又是由点组成的，用 AutoCAD 绘制二维图形的过程就是一个定位组成图形的线条上的特殊点的过程。通过绘制图 2-1 的例子，掌握极坐标和图层的应用。

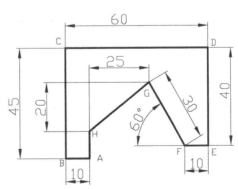

图 2-1　图层与极坐标图例

2.1 草图设置

2.1.1 栅格与捕捉

（1）设置栅格与捕捉命令：Grid 和 Snap。栅格是用来辅助绘图的点阵，它不是图形的一部分，不能被打印出来。可以通过单击状态栏上的"栅格"按钮打开或关闭栅格。

（2）设置栅格与捕捉的操作。单击"栅格"或"捕捉"按钮，再单击"设置"，或从【工具】菜单中选择<草图设置>命令项，打开"草图设置"对话框，如图 2-2 所示。

图 2-2 "草图设置"对话框

选择"捕捉和栅格"选项卡，可以设置栅格点与捕捉的 X 轴或 Y 轴的间距及捕捉类型等。

2.1.2 对象捕捉

栅格捕捉功能可以将光标准确落在设定的栅格点上，在画轴测图时要选择等轴测图捕捉。使用三个绘图时将该功能打开，不用时一定要关闭该功能，否则会影响正常的操作。可以通过单击状态栏的"捕捉"按钮打开或关闭栅格捕捉功能。

实例 2-1 用栅格捕捉绘制台阶

通过设置栅格点的 X 轴或 Y 轴的间距，用栅格捕捉功能画三级台阶图，如图 2-3 所示。

操作步骤：

（1）打开"栅格"与"捕捉"按钮开关，右击"栅格"与"捕捉"按钮，再单击"设置"按钮，打开"草图设置"对话框。

（2）选择"捕捉和栅格"选项卡，设置栅格点的 X 轴的间距为 40，Y 轴的间距为 30，捕捉点的 X 轴、Y 轴的间距点均为 10，确定。

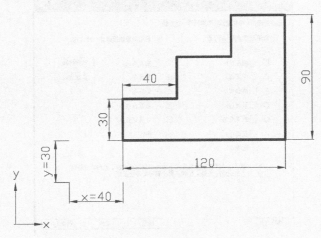

图 2-3　三级台阶

（3）输入画直线命令 line，回车。

（4）用鼠标任意捕捉一个栅格点作为直线的起点，再向上捕捉一点画出竖直直线为台阶的高，再向右捕捉一点画水平线为台阶的宽，依次作出其他直线段。

练一练：

（1）用栅格与捕捉画出 100×200 的长方形。

（2）用栅格与捕捉画如图 2-4 所示图形。

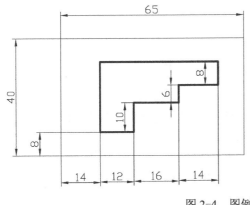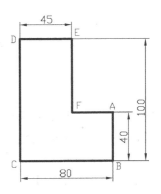

图 2-4　图例

2.1.3　对象捕捉追踪

对象捕捉追踪是一种精确的点定位模式，可以将光标点准确定位在图形的各种特征点上，如端点、中点、中心点、垂足点、切点、交点等特征点。

对象捕捉追踪设置的操作如下：

设置对象捕捉追踪的命令为 Osnap；或右击状态栏上的"对象捕捉"按钮后选择"设置"项；或选择菜单【工具】→<草图设置>，打开"草图设置"对话框，选择"对象捕捉"选项卡进行设置，如图 2-5 所示。对于要捕捉与追踪的特征点，应选中对应的复选框。

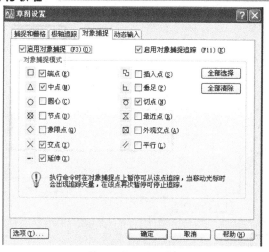

图 2-5 "对象捕捉"选项卡

实例 2-2 利用对象捕捉功能绘制三角形

利用对象捕捉功能绘制三角形的三条高，如图 2-6 所示。

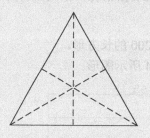

图 2-6 对象捕捉绘图

操作步骤:

(1) 输入画直线命令 line，回车，在绘图区任意点取三点画两条线段。

(2) 捕捉到第一条线段的起点单击，作出三角形。

(3) 输入画直线命令 line，回车，捕捉到三角形的一个顶点单击，将光标落到对应边上，捕捉到垂足后单击，便可作出第一条高。用同样方法再作出其他两条高。

2.1.4 极轴追踪

极轴追踪是指按事先给定的增量角度来追踪，在按要求指定一个点时，按预先设置的角度增量显示一条无限延伸的辅助线，这时用户就可以沿辅助线追踪得到光标点，如图 2-7 所示。利用"极轴追踪"功能，可以方便地捕捉到所设角度线上的任意点。在"草图设置"对话框中，选择"极轴追踪"选项卡进行设置，如图 2-8 所示。

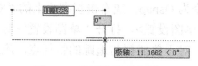

图 2-7 极轴追踪示意图

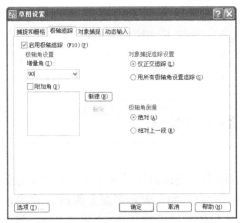

图 2-8 "极轴追踪"选项卡

"极轴追踪"选项卡中各选项的功能和意义如下。

1."极轴角设置"选项区域

"极轴角设置"选项区域用于设置极轴角度。在"增量角"下拉列表框中可以选择系统预设的角度，如果该下拉列表框中的角度不能满足需要，可选择"附加角"复选框，然后单击"新建"按钮，在"附加角"列表中增加新角度，如该角度不再使用可以删除。

2."对象捕捉追踪设置"选项区域

"对象捕捉追踪设置"选项区域用于设置对象捕捉追踪。选择"仅正交追踪"单选按钮，可在启用对象捕捉追踪时，只显示获取的对象捕捉点的正交（水平/垂直）对象捕捉追踪路径；选择"用所有极轴角设置追踪"单选按钮，可以将极轴追踪设置应用到对象捕捉追踪，使用对象捕捉追踪时，光标将从获取的对象捕捉点起沿极轴对齐角度进行追踪。

> 提示：正交模式和极轴追踪两种模式不能同时打开，若一个打开，另一个将自动关闭。

3."极轴角测量"选项区域

"极轴角测量"选项区域用于设置极轴追踪对齐角度的测量基准。其中，选择"绝对"单选按钮，可以基于当前用户坐标系确定极轴追踪角度，为绝对角度值；选择"相对上一段"单选按钮，可以基于最后绘制的线段确定极轴追踪角度为增量角度值。

实例 2-3 利用极轴追踪功能绘制正五边形

利用极轴追踪功能作边长为 50 的正五边形，如图 2-9 所示。

操作步骤：

（1）打开"极轴追踪"选项卡，设置增量角度为 18°。

（2）输入画直线命令 line，回车，在屏幕上任意点取一点后向

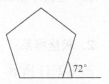

图 2-9 正五边形

右拖动鼠标，当追踪到 0° 角度线时，在命令行输入 50，回车，画第一条线段。

（3）向右上方拖动鼠标，当追踪到 72° 角度线时，在命令行输入 50，回车，画第二条线段。

（4）向左上方拖动鼠标，当追踪到 144° 角度线时，在命令行输入 50，回车，画第三条线段。

（5）向左下方拖动鼠标，当追踪到 216°角度线时，在命令行输入 50，回车，画第四条线段。

（6）向右下方捕捉到起点，画第五条线段。

2.2 坐标系

2.2.1 笛卡儿坐标系与极坐标系

1. 笛卡儿坐标系

笛卡儿坐标系即直角坐标系，是最常用的坐标系。在平面绘图中，它通过 X、Y 的坐标值来描述点的位置。例如，A（12，30）表示平面上的点 A 在当前坐标系中，距 Y 轴的水平距离为 12 个单位长度，距 X 轴的水平距离为 30 个单位长度。推及一般，任意点 A 的直角坐标表示为 $(X_a，Y_a)$，X 坐标值与 Y 坐标值间用逗号隔开。如图 2-10 所示，绘制平行四边形。

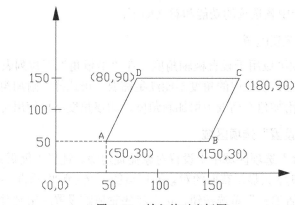

图 2-10　输入绝对坐标图

绘制步骤如下：

（1）输入绘制直线命令：line（L），回车，或在绘图工具栏上单击命令图标。

（2）在命令窗口输入 50，30，回车，确定 A 点。

（3）在命令窗口输入 150，30，回车，确定 B 点。

（4）在命令窗口输入 180，90，回车，确定 C 点。

（5）在命令窗口输入 80，90，回车，确定 D 点。

（6）在命令窗口输入 C，回车，封闭图形，绘图结束。

2. 极坐标系

如图 2-11 所示，要描述平面中的点 A，可以用笛卡儿坐标系的方法描述为 A $(X_a，Y_a)$。如果不知道 X_a 与 Y_a 的值，但知道 OA 的长度为 L，OA 与 X 轴正方向夹角为 α，那么点 A 的位置也是唯一的，即点 A 可以通过 L 与 α 来描述其位置。这种描述点的方法就是极坐标系法。

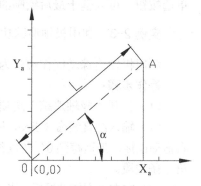

图 2-11　笛卡儿坐标系与极坐标系
的描述方法

极坐标系是另一种描述平面中点的位置的坐标系统，它通过要描述的点到原点的距离 L 以及该点到原点连线与极轴正方向的夹角α来表达该点的位置。长度与角度间用 "<" 隔开，即 "L<α"。例如，A（100<60）表示平面上的点 A 在当前坐标系中，与原点的距离为 100 个长度单位，A 点到原点的连线与极轴正方向的夹角为 60°。

> **！注：** 极轴正方向水平向右。平面上的点到原点的连线与极轴正方向的夹角有方向性，逆时针旋转角度为正，顺时针旋转角度为负。

2.2.2　绝对坐标系与相对坐标系

相对坐标系是在绘图过程中，以相互关联的点为参照，而不是以坐标原点为参照，参照点是随时改变的，如平面绘图时，其规则是平面中所要找的点以该点的前一点为参照。

相对坐标的表示方法只需要在绝对坐标的表示方法前加上相对坐标符号 "@" 即可。例如，相对直角坐标（@20，-30），表示所描述的点在相对参照点的右上方，到参照点的水平距离为 20，竖直距离为 30；相对极坐标（@30<120），表示所描述的点到参照点的最短距离为 30，该点到参照点连线与水平右方向的夹角为 120°。

实例 2-4　用极坐标绘制图形

如图 2-12 所示，运用相对坐标的方法描述多边形 A～H 各点的相对位置。

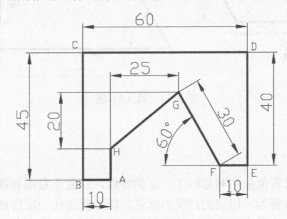

图 2-12　图例

操作步骤：

```
命令：_line 指定第一点：                         //拾取 A 点
指定下一点或 [放弃(U)]：@10<180                 //确定 B 点
指定下一点或 [放弃(U)]：@45<90                  //确定 C 点
指定下一点或 [闭合(C)/放弃(U)]：@60<0           //确定 D 点
指定下一点或 [闭合(C)/放弃(U)]：@40<270          //确定 E 点
指定下一点或 [闭合(C)/放弃(U)]：@10<180          //确定 F 点
指定下一点或 [闭合(C)/放弃(U)]：@30<120          //确定 G 点
指定下一点或 [闭合(C)/放弃(U)]：@-25，-20        //确定 H 点
指定下一点或 [闭合(C)/放弃(U)]：c
```

练一练:

(1) 如图 2-13 所示,根据 A~D 点之间的相对位置,分别描述出 B 点相对于 A 点、C 点相对于 B 点、D 点相对于 C 点的相对直角坐标值与相对极坐标值。

(2) 绘制如图 2-14 所示图形,采用相对坐标或极坐标的方法。

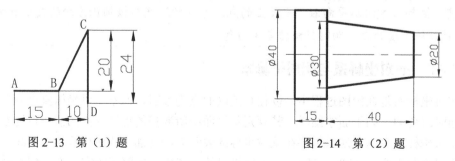

图 2-13　第(1)题　　　　　　　　图 2-14　第(2)题

(3) 绘制如图 2-15 所示图形。

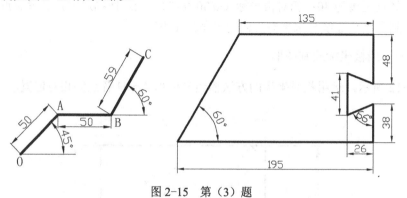

图 2-15　第(3)题

2.3　创建图层

在绘图工作中,常常需要将对象赋予一定的特性,以便于看图和操作,如线型、线宽、颜色等。图层就可以理解为一层层的透明的纸张,图形就画在一层层透明的纸张上,用户可以自由地隐藏、显示、冻结或锁定选定的图形,而不会影响其他没有被选中的部分。

2.3.1　创建图层的命令

创建图层有三种方式打开图层管理器对话框。

(1) 选择菜单【格式】→<图层>。

(2) 单击【图层】工具条中的"图层特性管理器"图标按钮,图层工具条如图 2-16 所示。

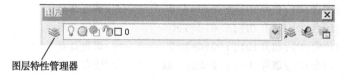

图层特性管理器

图 2-16　图层工具条

（3）输入"LA"按<Enter>键，打开"图层特性管理器"对话框，如图 2-17 所示。

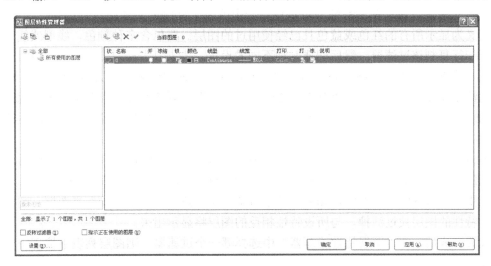

图 2-17 "图层特性管理器"对话框

2.3.2 图层的操作

在"图层特性管理器"对话框中，右边大片空白显示各图层的特性，左边空白处中的树形列表是图层的显示状况，"全部"表示在列表中显示全部图层。可以看到，左边空白处除了"全部"外，下方还有一个图层组"所有使用的图层"，如果选择此选项，则右边图层列表只列出使用的图层。

图层列表上方 4 个按钮分别是新建图层、在所有视口都被冻结的新图层、删除图层和将图层置为当前图层按钮。单击"新建"按钮，会发现在图层列表中会多一个新的图层。选中某一图层，单击"删除"按钮，则列表中会少一个图层（当前层不能删除）。选中某一图层，单击"置为当前"按钮，则可将选中的图层置为当前图层（即列为正在使用的图层）。单击"冻结"按钮，将在所有视口中冻结所选图层。

如果图层太复杂，可以通过过滤器来管理。图 2-17 的左侧树形列表中的"所有使用的图层"就是一个过滤器（该过滤器为只读过滤器）。单击左上角第一个按钮（"图层特性过滤器"按钮），打开"图层过滤器特性"对话框，如图 2-18 所示。

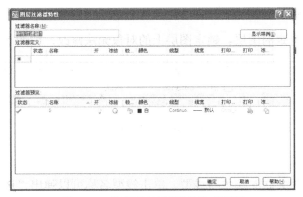

图 2-18 "图层过滤器特性"对话框

在"过滤器名称"文本框中为新建的过滤器命名，然后在"过滤器定义"显示区域中设置过滤器的特性，显示图层特性（可以使用一个或多个特性定义过滤器）。例如，可以将过滤器定义为显示所有的红色或蓝色且已经使用过的图层。要包含多种颜色、线型或线宽，可以在下一行复制该过滤器，然后选择一种不同的设置。

在"状态"栏中选择该过滤器的使用状态特性（已使用或未使用）；在"名称"栏中输入该过滤器要显示的名称；在"开"、"冻结"、"锁定"、"颜色"等栏中分别设置过滤器的特性。"过滤器预览"中有以上设置特性的预览，符合过滤要求的图层将显示出来，不符合以上设置要求的图层被过滤掉。

单击"确定"按钮，返回"图层特性管理器"对话框，会发现左侧树形列表中增加了刚刚设置的过滤器。单击过滤器，则符合过滤器设置特性的图层就在列表中列出。

在"图层特性管理器"中，如果勾选了对话框左下角"反转过滤器"复选框，则符合该过滤器特性的图层被过滤掉，与所设特性相反的图层将显示出来。

设置完成后，在"图层特性管理器"中选择哪一个过滤器，则图层列表中按哪一个过滤器所设置的特性显示。

2.3.3　图层的控制与管理

在"图层特性管理器"对话框中，可以为列表中的任意图层进行特性设置。

1．状态/名称

状态：显示项目的类型，包括图层过滤器、空图层或当前图层。

名称：显示图层的名称，选中名称后，按<F2>键可以重命名。

2．开/关图层

打开和关闭选定图层。当图层打开时，它是可见的，并且可以打印。当图层关闭时，它是不可见的，并且不能打印，即使"打印"选项是打开的。

3．冻结/解冻图层

显示冻结状态，图层冻结后不能对该层对象进行任何操作。如果要频繁地切换可见性设置，请使用"开"→"关"设置，以避免重生成图形。可以冻结所有视口或当前布局视口中的图层，还可以在创建新的图层视口时冻结其中的图层。

4．锁定/解锁图层

用于锁定和解锁选定的图层。锁定图层上的对象无法修改，如图 2-19 所示。

图 2-19　图层管理特性

5．颜色/线型

改变与选定图层相关联的颜色与线型。单击线型名称可以弹出"选择线型"对话框。如果对话框中没有想要的线型，可以单击"加载"按钮，弹出"加载或重载线型"对话框，从

中选择所需线型。

实例 2-5　构建图层

利用"图层特性管理器"对话框创建"点画线"图层，要求该图层颜色为"红色"，线型为 CENTER2，线宽为 0.15 mm。

操作步骤：

（1）右击工具栏，在下拉菜单中单击图层，打开"图层特性管理器"对话框。

（2）右击"0"选择"新建图层"，创建一个新的图层，并在"名称"列对应的文本框中输入"点画线"。

（3）在"图层特性管理器"对话框中单击"颜色"列的颜色，打开"选择颜色"对话框，在标准颜色栏中单击红色，单击"确定"按钮。

（4）在"图层特性管理器"对话框中单击"线型"列上的 Continuous，打开"选择线型"对话框。单击"加载"按钮，打开"加载或重载线型"对话框，在"可用线型"列表框中选择 CENTER2，然后单击"确定"按钮。

（5）在"选择线型"对话框的"已加载的线型"列表框中选择 CENTER2，然后单击"确定"按钮。

（6）在"图层特性管理器"对话框中单击"线宽"列的线宽，打开"线宽"对话框，在"线宽"列表框中选择 0.15 mm，然后单击"确定"按钮。

（7）设置完毕后，单击"确定"按钮，关闭"图层特性管理器"对话框。

操作训练 2

1．按制图标准创建粗实线、细实线、点画线、虚线、尺寸线、标注、文字、剖面线图层，其中粗实线线宽为 0.5 mm，其他线宽默认为 0.25 mm，颜色等设置如图 2-20 所示。

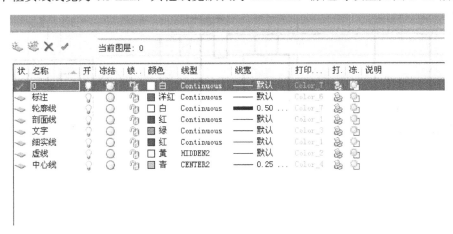

图 2-20

2．绘制如图 2-21 所示图形。

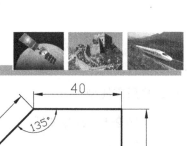

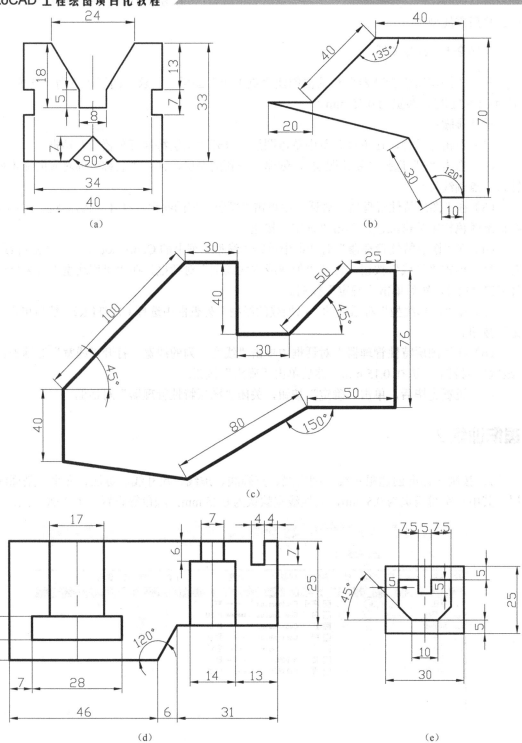

图 2–21

任务 3

二维几何图形的绘制

内容提要：通过绘制扳手，介绍 AutoCAD 的笛卡儿坐标系、极坐标系、草图设置方法及图层的创建，学会在所建图层下绘制直线、圆、圆弧、椭圆，以及多段线与点的绘制及偏移的命令，学会修剪图形的方法，掌握绘制图形的基本步骤。

任务导入

使用绘图命令，绘制如图 3-1 所示的扳手，正确使用绘图命令，并正确理解本任务的相关知识点。

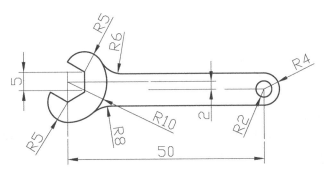

图 3-1　扳手

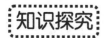

3.1 直线的绘制

直线的绘制作为 AutoCAD 学习的第一步至关重要，其操作过程往往会在任何一个图形绘制中采用。

1. 画直线的命令

画直线的命令为 line（L）；或选择菜单【绘图】→<直线>；或单击绘图工具栏中的图标 ✏。

2. 操作指导

输入直线命令 line，回车，指定第一点，指定下一点……依次输入点的坐标或点取点便可以绘制出一条或连续多条直线。

操作技巧：

（1）命令后括号内的内容是该命令的快捷键，如"L"是 line 的快捷键。

（2）若要放弃本次操作，可以输入"U"来取消。

（3）每一次操作要注意命令窗口的提示，按提示正确操作。

实例 3-1 使用极坐标绘制如图 3-2 所示标题栏

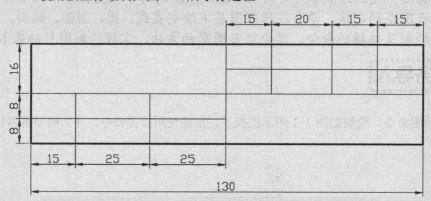

图 3-2 标题栏

操作步骤：

（1）输入命令 line，回车。

（2）选择粗实线图层，在屏幕上取一点，向右追踪到水平线后直接输入距离 130，回车；再向上追踪到竖直线后直接输入距离 32，回车；向左追踪到水平线后直接输入距离 130，回车；输入 C，回车；完成外框。

（3）选择细实线图层，输入命令 line，回车；输入坐标（0,16），回车，（130,16），回车，作线。

（4）输入命令 line，回车；输入坐标（60,0），回车，（60,8），回车，作线。

（5）输入命令 line，回车；输入坐标（0,8），回车，（60,8），回车，作线。

（6）输入命令 line，回车；输入坐标（60,24），回车，（140,24），回车，作线。

（7）输入命令 line，回车；输入坐标（15,0），回车，（15,16），回车，作线。

（8）输入命令 line，回车；输入坐标（40,0），回车，（40,16），回车，作线。

（9）输入命令 line，回车；输入坐标（75,16），回车，（75,32），回车，作线。

（10）输入命令 line，回车；输入坐标（110,16），回车，（110,32），回车，作线。

（11）输入命令 line，回车；输入坐标（125,16），回车，（125,32），回车，作线，完成图形。

实例 3-2 采用相对极坐标绘制如图 3-3 所示图形

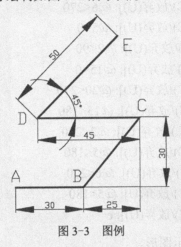

图 3-3 图例

操作步骤：

A：命令：_line 指定第一点：

B：指定下一点或 [放弃(U)]：@30<0

C：指定下一点或 [放弃(U)]：@25,30

D：指定下一点或 [闭合©/放弃(U)]：@45<180

E：指定下一点或 [闭合©/放弃(U)]：@50<45

实例 3-3 使用直线命令绘制轮廓图

图 3-4 是某机械零件的初步轮廓图，请仔细看图，思考其画法。

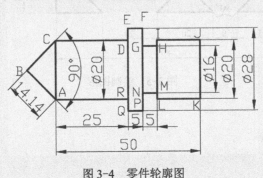

图 3-4 零件轮廓图

操作步骤：

R：命令: _line 指定第一点:

A：指定下一点或 [放弃(U)]: @25<180

B：指定下一点或 [放弃(U)]: @14.14<135

C：指定下一点或 [闭合(C)/放弃(U)]: @14.14<45

D：指定下一点或 [闭合(C)/放弃(U)]: @25<0

E：指定下一点或 [闭合(C)/放弃(U)]: @4<90

F：指定下一点或 [闭合(C)/放弃(U)]: @5<0

G：指定下一点或 [闭合(C)/放弃(U)]: @6<270

H：指定下一点或 [闭合(C)/放弃(U)]: @5<0

I：指定下一点或 [闭合(C)/放弃(U)]: @2<90

J：指定下一点或 [闭合(C)/放弃(U)]: @15<0

K：指定下一点或 [闭合(C)/放弃(U)]: @20<270

L：指定下一点或 [闭合(C)/放弃(U)]: @15<180

M：指定下一点或 [闭合(C)/放弃(U)]: @2<270

N：指定下一点或 [闭合(C)/放弃(U)]: @5<180

P：指定下一点或 [闭合(C)/放弃(U)]: @6<270

Q：指定下一点或 [闭合(C)/放弃(U)]: @5<180

R：指定下一点或 [闭合(C)/放弃(U)]: c

练一练：绘制如图 3-5 所示图形。

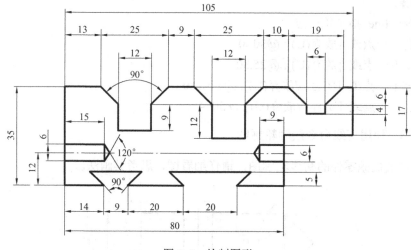

图 3-5　绘制图形

3.2　圆的绘制

1. 画圆的命令

画圆的命令为 Circle（C）；或选择菜单【绘图】→<圆>→……；或单击绘图工具栏中的

图标 ⊙ 。

2. 操作指导

输入命令后窗口提示：指定圆的圆心或[三点（3P）/两点（2P）/相切、相切、半径（T）]：

（1）指定圆的圆心。通过指定圆心和半径（或直径）绘制圆。

（2）输入 3P，回车。通过三点确定一个圆。

（3）输入 2P，回车。通过直径上的两点确定圆。

（4）输入 T，回车。通过两个切点和半径确定一个圆。

（5）可以通过菜单选项"相切、相切、相切"，直接以三个切点确定一个圆。

实例 3-4　采用五种方法画圆

画 A、B、C、D、E 五个圆，如图 3-6 所示。

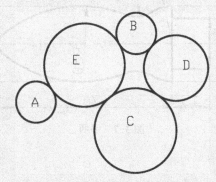

图 3-6　圆

操作步骤：

（1）画指定圆心为（0,0）、半径为 50 的圆 A。

命令：_circle 指定圆的圆心或 [三点(3P)/两点(2P)/相切、相切、半径(T)]：0,0

指定圆的半径或 [直径(D)] <412.3106>：50

（2）通过三点（210,140）、（300,150）、（240,215）画圆 B。

命令：_circle 指定圆的圆心或 [三点(3P)/两点(2P)/相切、相切、半径(T)]：3p

指定圆上的第一个点：210,140

指定圆上的第二个点：300,150

指定圆上的第三个点：240,215

（3）通过直径上的两点（160,-120）、（340,-20）画圆 C。

命令：_circle 指定圆的圆心或 [三点(3P)/两点(2P)/相切、相切、半径(T)]：2p

指定圆直径的第一个端点：160,-120

指定圆直径的第二个端点：340,-20

（4）画与 B、C 相切半径为 80 的圆 D。

命令：_circle 指定圆的圆心或 [三点(3P)/两点(2P)/相切、相切、半径(T)]：t

指定对象与圆的第一个切点，回车

指定对象与圆的第二个切点，回车

指定圆的半径 <102.9563>: 80

（5）画与 A、B、C 都相切的圆 E。

命令：【绘图】→<圆>→<相切、相切、相切>

指定圆上的第一个切点，回车

指定圆上的第二个切点，回车

指定圆上的第三个切点，回车

实例 3-5 绘制手柄

绘制如图 3-7 所示手柄。

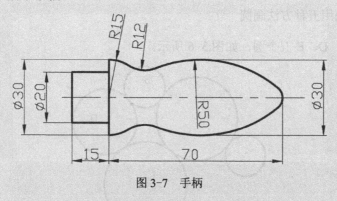

图 3-7　手柄

操作步骤：

步骤 1：绘制直线部分。

（1）启动直线命令，输入"L"按<Enter>键确定，任意拾取起点。输入相对坐标"@0,30"，绘制一条长为 30 的竖直线，按<Enter>键确定退出命令。

（2）再次启动直线命令，输入"FRO"按<Enter>键确定，运用"捕捉自"拾取起点。光标选择前面画的竖直线下端为基点，输入偏移相对坐标为"@1,5"，确定直线起点。

（3）分别输入以后各点的相对坐标为"@-15,0"、"@0,20"和"@15,0"，按<Enter>键确定退出直线命令。

（4）绘制中心线。启动直线命令，捕捉最左侧长 20 的竖直线中心为起点，向右绘制一条水平直线作为中心线，并使直线有足够长度。

（5）偏移中心线。输入"O"按<Enter>键确定，输入偏移距离 15，选择中心线，在中心线上侧单击鼠标右键，再次选择中心线，在中心线下侧单击鼠标右键，从而得出两条辅助水平直线，如图 3-8 所示。

步骤 2：绘制两端定位圆。

（1）启动圆命令，输入"C"按<Enter>键确定，拾取中心线与长 30 的竖直线交点为圆心，再拾取长 30 的竖直线端点以确定半径，绘制一个圆。

（2）再次启动圆命令，输入"FRO"按<Enter>键确定，运用"捕捉自"拾取圆心，鼠标光标选择前面画圆的圆心为基点，输入偏移相对坐标为"@65,0"，确定圆心，输入半径为"5"，如图 3-9 所示。

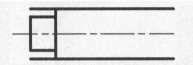

图 3-8　步骤 1

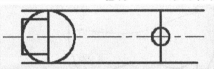

图 3-9　步骤 2

步骤 3：绘制两个 R50 大圆。

（1）启动圆命令，输入"C"按<Enter>键确定，再输入"T"按<Enter>键确定，用"相切、相切、半径"法画圆。鼠标光标分别拾取最上边一条水平线与 R5 小圆右侧，输入半径为 50，按<Enter>键确定。

（2）再次启动圆命令，同样用"相切、相切、半径"法画圆。鼠标光标分别拾取最下边一条水平线与 R5 小圆右侧，输入半径为"50"，按<Enter>键确定，如图 3-10 所示。

步骤 4：修剪与删除。

（1）启动修剪命令，输入"TR"按<Enter>键确定，选择长 30 的竖直线为修剪边界，再选择 R15 圆的左侧修剪。

（2）启动修剪命令，输入"TR"按<Enter>键确定，以前面修剪过的两段 R50 大圆为边界，再选择小圆 R5 左侧修剪。

（3）输入"E"按<Enter>键确定，选择 3 条水平线删除，如图 3-11 所示。

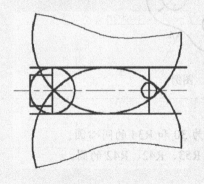

图 3-10　步骤 3

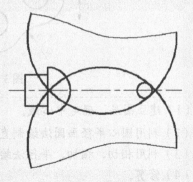

图 3-11　步骤 4

步骤 5：绘制 R12。

（1）输入"F"按<Enter>键确定，启动倒圆命令。

（2）输入"T"按<Enter>键确定，再输入"N"，设置修剪模式为不修剪。

（3）输入"R"按<Enter>键确定，再输入"12"，按<Enter>键确定，设置圆半径为 12。

（4）输入"M"按<Enter>键确定，设置一次命令倒多个圆角。

（5）分别选择 R15 的半圆与下侧 R50 的大圆，以及 R15 的半圆与上侧 R50 的大圆，完成绘制，如图 3-12 所示。

步骤 6：修剪。

启动修剪命令，输入"TR"按<Enter>键确定，选择两段 R12 的小圆弧与 R5 小圆弧为边界，再选两段 R50 大圆的外侧及 R15 半圆内侧修剪，完成绘图，如图 3-13 所示。

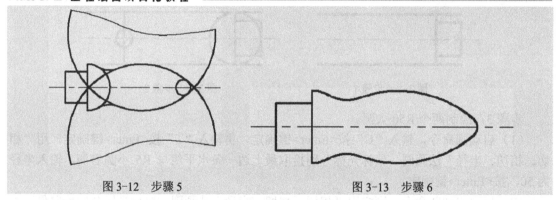

图 3-12　步骤 5　　　　　　　　　　图 3-13　步骤 6

练一练：

（1）作直径为 $\phi100$ 且与直径为 $\phi40$ 两圆相切的所有圆，$\phi40$ 两圆圆心相距 50。

（2）绘制如图 3-14 所示图形。

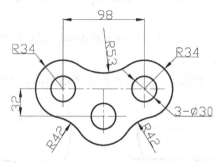

图 3-14　图例

> 提示：（1）建立图层，确定中心线。
>
> 　　　　（2）利用圆心半径画圆法绘制直径为 30 和 R34 的同心圆。
>
> 　　　　（3）利用相切、相切、半径法绘制 R53、R42、R42 的圆。
>
> 　　　　（4）修剪。

（3）绘制如图 3-15 所示图形。

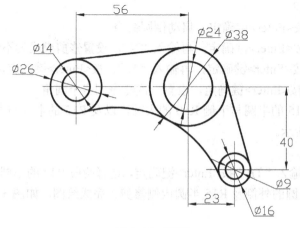

图 3-15　图例

> 提示：（1）建立图层，确定中心线。
>
> （2）利用圆心半径画圆法绘制同心圆。
>
> （3）利用相切、相切、相切法画圆，修剪。
>
> （4）捕捉切点作切线。

（4）绘制如图 3-16 所示图形。

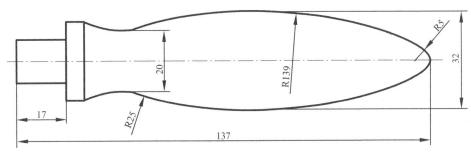

图 3-16 手柄

3.3 圆与圆弧的绘制

选择菜单【绘图】→<圆弧>→级联菜单选项；或单击绘图工具栏上的图标 $\curvearrowright$。圆弧绘制具有方向性，逆时针旋转的角度为正，顺时针旋转的角度为负。

3.3.1 三点法绘制圆弧

1. 启动命令

下面 3 种方法任意一种都是可以启动三点法绘制圆弧的命令。

（1）输入 "A" 按<Enter>键确定。

（2）单击 "绘图" 工具条或面板上的 "圆弧" 图标按钮 $\curvearrowright$。

（3）选择菜单【绘图】→<圆弧>→ "三点（P）"。

2. 操作

（1）启动命令后，命令行提示：ARC 指定圆弧的起点或[圆心（C）]时，指定圆弧的起点。

① 鼠标光标在屏幕中拾取一点作为起点。

② 输入一组坐标值作为起点，按<Enter>键确定。

（2）命令行提示：指定圆弧的第 2 个点或[圆心（C）/端点（E）]，指定圆弧上的第二点。

① 鼠标光标在屏幕中拾取第二点。

② 输入一组坐标值（根据需要输入相对坐标或绝对坐标，如图 3-17 所示中 E 点坐标@50,10），按<Enter>键确定。

（3）命令行提示：指定圆弧的端点，指定圆弧上的端点。

① 鼠标光标在屏幕中拾取端点。

② 输入一组坐标值，如图 3-17 所示。

A（起点屏幕拾取）　　　　　　　　　B（端点屏幕拾取）

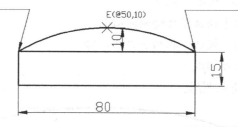

图 3-17　三点绘制圆弧

实例 3-6　使用三点画弧的方法绘制图形

使用三点画弧的方法绘制花瓣形图，如图 3-18 所示。

操作步骤：

步骤 1：绘制内接于圆的正六边形，其外接圆直径为 $\phi 41$。

（1）单击工具栏图标 ⬠，绘制正多边形。

（2）输入"6"按<Enter>键确定，绘制正六边形，从屏幕中任意拾取一点为正六边形的中心点。

（3）输入"I"按<Enter>键确定，确定绘制内接于圆的正六边形。

（4）输入"0,20.5"按<Enter>键确定，以确定正六边形外接圆的半径以及正六边形的摆放位置。

步骤 2：绘制外接圆。

输入"C"按<Enter>键确定，再输入"3P"按<Enter>键确定，以三点法绘制圆。任意拾取正六边形的 3 个顶点，完成外接圆的绘制，如图 3-19 所示。

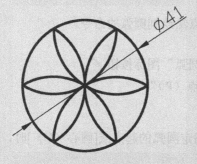

图 3-18　花瓣形图　　　　　　　　图 3-19　步骤 2

步骤 3：绘制圆弧。

（1）输入"A"按<Enter>键确定，绘制圆弧。

（2）依次拾取 A 点、圆心和 C 点，绘制完成一条圆弧；按同样的方法，绘制其他圆弧；删除辅助多边形，完成绘图。

3.3.2　起点、端点、半径法绘制圆弧

指定圆弧的起点、端点、半径绘制圆弧，下面两种途径均可启动命令完成绘制。

（1）单击"绘图"工具条面板上的"圆弧"图标按钮；或输入"A"按<Enter>键确定。

根据命令提示，确定圆弧的起点，命令行提示：指定圆弧的第二个点或[圆心（C）/端点（E）]。

选择输入"E"按<Enter>键确定，命令行提示指定端点位置：指定圆弧的端点。指定端点后，命令行提示指定圆弧半径：指定圆弧的半径。

输入圆弧半径值或屏幕拾取点，该点与端点的距离确定圆弧半径，完成圆弧绘制。

（2）选择菜单【绘图】→<圆弧>→"起点、端点、半径"启动命令，根据命令行提示分别拾取或输入起点、端点位置，输入圆弧半径值或屏幕拾取点，该点与端点的距离确定圆弧半径，完成圆弧。

!注：运用起点、端点、半径法绘制圆弧时，除了注意圆弧按逆时针旋转为正外，还要注意所画的圆弧是优弧还是劣弧，在输入半径时，输入正值的半径为劣弧，输入负值的半径为优弧。

实例3-7 用圆弧绘制图形

用圆弧绘制如图3-20所示的图形。
操作步骤：
步骤1：绘制R11的优弧。

输入"A"按<Enter>键确定，启动圆弧命令，并从屏幕中任意拾取一点为圆弧起点。

输入"E"按<Enter>键确定，以确定圆弧的端点。输入端点相对于起点的相对坐标值为"@-10,0"，因为R11逆时针旋转为正，而圆弧在上方，所以圆弧的端点需要在起点的左边。

输入"R"按<Enter>键确定，以确定圆弧的半径，输入半径值为"-11"按<Enter>键确定，完成R11圆弧的绘制。

步骤2：绘制R20的优弧。

输入"A"按<Enter>键确定，启动圆弧命令，拾取步骤1所画的R11圆弧左边端点为起点。

输入"E"按<Enter>键确定，以确定R11圆弧右边端点为端点。

输入"R"按<Enter>键确定，再输入半径值为"-20"按<Enter>键确定，完成绘制。

实例3-8 绘制由圆弧所围成的图形

绘制由圆弧所围成的图形，如图3-21所示。

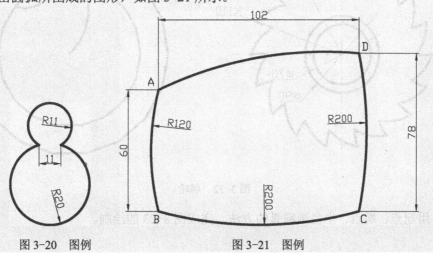

图3-20 图例　　　　　　　　　　图3-21 图例

操作步骤：

步骤 1：画圆弧 AB。

启动圆弧命令   //选择菜单【绘图】→<圆弧>→"起点、端点、半径"

指定起点   //以 A 点为起点，屏幕中任意拾取

指定圆弧端点   //输入 B 点相对于 A 点的相对坐标值"@0,-60"，按<Enter>键确定

指定圆弧半径   //输入"120"按<Enter>键确定，完成 AB 圆弧

步骤 2：画圆弧 CD。

启动圆弧命令   //选择菜单【绘图】→<圆弧>→"起点、端点、半径"

指定起点   //用捕捉自的方法，定位 C 点。输入"FRO"按<Enter>键确定，捕捉

    //B 点为基点

指定圆弧端点   //再输入 C 点相对于 B 点的相对坐标值"@102,-9"，按<Enter>键确定

给定圆弧半径   //输入"200"按<Enter>键确定，完成 CD 圆弧

步骤 3：画圆弧 BC。

启动圆弧命令   //选择菜单【绘图】→<圆弧>→"起点、端点、半径"

指定起点   //捕捉拾取 B 点

指定圆弧端点   //捕捉拾取 C 点

给定圆弧半径   //输入"200"回车，完成 BC 圆弧

步骤 4： 按步骤 3 的方法画圆弧 AD（注意以 D 点为起点，A 点为端点），完成整个图形。

> **！注：** 在绘制图 3-21 时，必须注意画圆弧的方向为逆时针方向，否则会使画出的圆弧与所需的相反。

练一练：

（1）用三点画圆弧的方法，完成如图 3-22 所示棘轮的绘制。

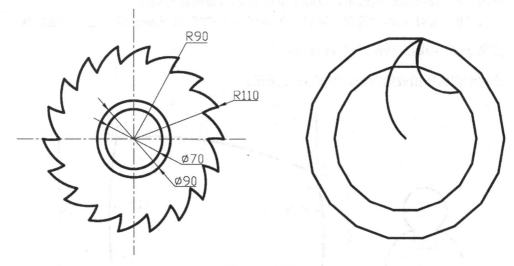

图 3-22 棘轮

（2）用起点、端点、半径画圆弧的方法，完成图 3-23 的绘制。

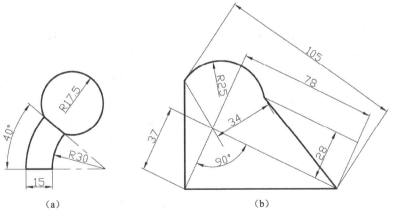

（a）　　　　　　　　　　　　　　　（b）

图 3-23　图例

3.4　椭圆与椭圆弧

椭圆是特殊的圆，椭圆的圆心到圆周的距离是变化的，部分椭圆就是椭圆弧。

3.4.1　椭圆

1．画椭圆的命令

选择菜单【绘图】→<椭圆>；单击"绘图"工具栏中的图标 ⬭。

2．操作指导

（1）<指定椭圆的轴端点>：指定椭圆某一轴上的两个端点以及另一轴的半轴长绘制椭圆。

（2）输入 C，回车，指定椭圆的中心坐标、某一轴上的一个端点的位置以及另一轴的半轴长绘制椭圆。

如图 3-24 所示，两椭圆的长轴为 80，短轴为 32。

实例 3-9　用圆弧命令绘图

用圆弧命令绘制如图 3-25 所示图形。

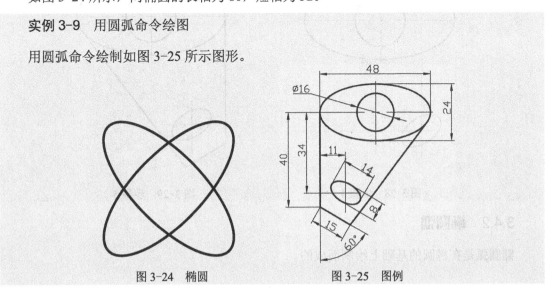

图 3-24　椭圆　　　　　　　　图 3-25　图例

操作步骤:

步骤 1:设置图层。新建轮廓线层,线宽 0.5 mm;新建中心线层 CENTER2,线宽默认。

步骤 2:绘制中心线。在中心线层绘制水平直线长 60 mm,捕捉中点,绘制竖直中心线,长度适当;利用"偏移"命令将水平直线向下偏移,距离为 34 mm,将竖直中心线向左偏移,距离为 13 mm,如图 3-26 所示。

步骤 3:绘制图形上部椭圆与圆。单击绘制圆的命令,使用中心、半径的方式绘制圆形,圆的直径为 16。单击绘制椭圆的命令,以中心点、长短轴半径的方式绘制椭圆,其半径分别为 24 mm 和 12 mm,如图 3-27 所示。

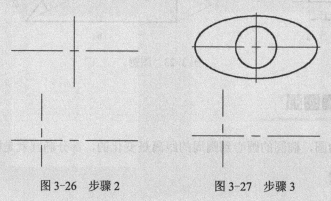

图 3-26　步骤 2　　　　　　　图 3-27　步骤 3

步骤 4:绘制下方椭圆。单击绘制椭圆的命令,以中心点、长短轴半径的方式绘制椭圆,在提示输入指定轴端点时输入极坐标 7<-30,在提示输入另一条半轴长度时输入极坐标 4<60,如图 3-28 所示。

步骤 5:用直线命令绘制外轮廓线。单击直线命令,分别绘制长度为 40 mm、极坐标为 15<-30 的直线,与椭圆相切;并对中心线长度进行修剪,如图 3-29 所示。

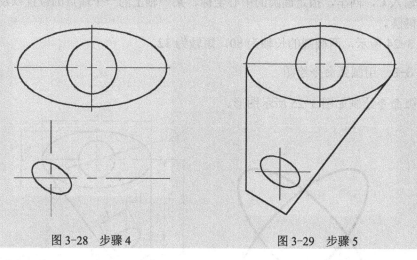

图 3-28　步骤 4　　　　　　　图 3-29　步骤 5

3.4.2　椭圆弧

椭圆弧是在椭圆的基础上绘制而成的。

1．画椭圆弧的命令

选择菜单【绘制】→<椭圆>→<圆弧>；或单击"绘图"工具栏中的图标 。

2．操作指导

输入画椭圆弧命令后，系统将继续提示：指定椭圆弧的轴端点或[中心点（C）]。画出椭圆后根据系统的提示，再通过指定椭圆弧的起始角与终止角画椭圆弧。

> 提示：起始角与终止角的角度值是从椭圆的第一个端点开始逆时针的角度。

3.5　多边形的绘制

多边形是指由三条以上的线段构成的封闭整体对象，包括正多边形和矩形。

3.5.1　正多边形的绘制

1．正多边形命令

选择菜单【绘图】→<正多边形>；或单击绘图工具栏中的图标 。

2．操作指导

输入画正多边形的命令后，按提示输入正多边形的边数，然后指定正多边形的中心点，则窗口提示：

输入选项[内接于圆（I）/外切于圆（C）]

（1）输入"I"回车，画内接于圆的正多边形，由外接圆的大小来确定正多边形的尺寸。

（2）输入"C"回车，画外切于圆的正多边形，由内切圆的大小来确定正多边形的尺寸。

（3）输入"E"回车，指定正多边形的边长来绘制正多边形。

实例 3-10　绘制扳手

绘制如图 3-30 所示的扳手。

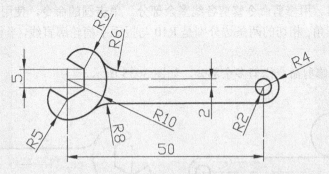

图 3-30　扳手

操作步骤：

步骤 1：设置图层。新建轮廓线层，线宽 0.5mm；新建中心线层 CENTER2，线宽默认。

步骤 2：绘制中心线。在中心线层绘制水平直线长 50 mm；利用"偏移"命令将直线向

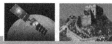

下偏移，距离为 2 mm，左侧绘制竖直直线，长度适当，将其向右偏移，距离为 50 mm，如图 3-31 所示。

步骤 3：绘制扳手左侧。单击正多边形命令，使用中心、半径的方式绘制正多边形，在提示输入内切或外接圆半径时，输入半径端点相对圆心的相对坐标值（@0,5）来确定正多边形的旋转角度，使得正六边形尖部向上。使用圆的命令以正六边形的中心为圆心绘制 R10 的圆。根据图形以正六边形右上方的顶点为圆心绘制 R5 的圆，如图 3-32 所示。

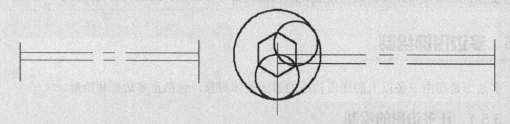

图 3-31　步骤 2　　　　　　　　　　　　图 3-32　步骤 3

步骤 4：修剪，绘制扳手手柄轮廓。按照图例使用修剪命令修剪扳手左侧部分。用圆的命令绘制手柄右侧部分，用直线命令绘制扳手中部外轮廓。单击圆的命令，使用圆心、半径的方式画圆，半径分别为 R2、R4。将 R4 所在的圆心的中心线上下各偏移 4mm，绘制手柄轮廓，如图 3-33 所示。

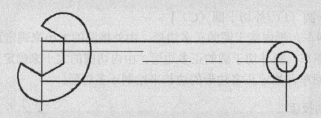

图 3-33　步骤 4

步骤 5：修剪。用修剪命令修剪各线多余部分。单击圆的命令，使用相切、相切、半径的方式绘制轮廓圆角。相切的两条边分别是 R10 与扳手手柄轮廓直线，半径为 R6，如图 3-34 所示。

步骤 6：使用修剪命令修剪多余部分，如图 3-35 所示。

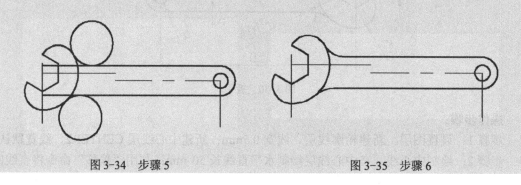

图 3-34　步骤 5　　　　　　　　　　　　图 3-35　步骤 6

3.5.2 矩形的绘制

1. 画矩形的命令

选择菜单【绘图】→<矩形>；或单击绘图工具栏中的图标 ▢。

2. 操作指导

输入命令后窗口提示：指定第一个角点或[倒角（C）/标高（E）/圆角（F）/厚度（T）/宽度（W）]。

（1）<指定第一个角点>。输入矩形第一个角点，显示如下：

指定另一个角点或[面积（A）/尺寸（D）/旋转（R）]。

再输入另外一个对角点，或按选项输入矩形参数绘制矩形。

（2）输入"C"回车，设定矩形四角的直线倒角尺寸，绘制倒角尺寸，绘制倒直角矩形。倒角尺寸为逆时针方向看角边的尺寸，如图 3-36（a）所示。

（3）输入"F"回车，设定矩形四角的圆弧倒角尺寸，绘制倒圆角矩形，如图 3-36（b）所示。

（4）输入"W"回车，设置矩形线条宽度，如图 3-36（b）所示。

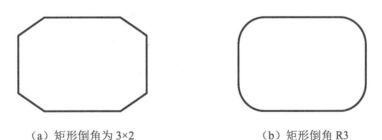

（a）矩形倒角为 3×2   （b）矩形倒角 R3

图 3-36   倒角图例

3.6 多段线的绘制

多段线是作为单个对象创建的相互连接的序列线段。可以创建直线段、弧线段或两者的组合线段。可以指定线条对象的点不同的切线方向和线宽。

1. 命令的启动

（1）选择菜单【绘图】→<多段线>。

（2）单击【绘图】工具条或面板上的"多段线"图标按钮 ➔。

（3）输入"PLINE"或"PL"按<Eenter>键确定。

2. 绘图及选项操作

启动命令后，命令行提示指定起点。可以输入坐标值或直接用光标在屏幕拾取的方法，指定多段线的起点。命令行接着提示如下：指定下一个点或[圆弧（A）/半宽（H）/放弃（U）/宽度（W）]。

（1）指定下一点绘制直线，其方法与"LINE"命令绘制直线的方法相同。在绘制直线的过程中，可以输入"A"绘制圆弧，输入"W"指定不同的线宽。

（2）输入"A"按<Eenter>键确定绘制圆弧，命令行提示为[角度（A）/圆心（CE）/方向（D）/半宽（H）/直线（L）/半径（R）/第二个点（S）/放弃（U）/宽度（W）]。

输入"A"按<Enter>键确定，为所画圆弧指定包含的角度。

输入"CE"按<Enter>键确定，指定所画圆弧的圆心。

输入"D"按<Enter>键确定，光标在屏幕中拾取点，以确定圆弧的切线方向。

输入"L"按<Enter>键确定，绘制直线。

输入"W"指定不同的线宽。

（3）输入"W"按<Enter>键确定，指定宽度。命令行首先提示指定起点线宽，输入起点的线宽值后按<Enter>键确定，命令行接着指示指定端点线宽，输入端点的线宽值后按<Enter>键确定。系统默认端点与起点线宽相等。

实例 3-11　用多段线绘制尺寸标志图形

用多段线绘制如图 3-37 所示图形。

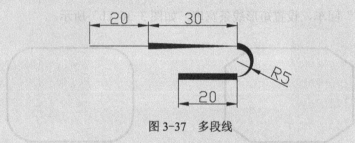

图 3-37　多段线

操作步骤：

启动多段线命令	//输入"PL"按<Enter>键确定
确定起点	//屏幕中任意拾取一点
下一点	//水平向右绘制长 20 的线段（线段坐标@20,0）
指定线宽	//输入"W"按<Enter>键确定，设定起点线宽为 2，端点线宽为 0
下一点	//水平向右绘制长 30 的线段（相对坐标@30,0）
指定线宽	//输入"W"按<Enter>键确定，起点线宽为 2，端点线宽为 0
下一点	//输入"A"按<Enter>键确定画圆弧，下一点竖直向下 10（相对//坐标//@0,-10）
指定线宽	//输入"W"按<Enter>键确定，起点线宽为 2，端点线宽为 2
画直线	//输入"L"按<Enter>键确定，水平向左绘制长 20 的直线（相对//坐标//@20,0），按<Enter>键确定退出命令

实例 3-12　用多段线绘制圆弧图形

用多段线绘制如图 3-38 所示图形。

操作步骤：

（1）输入"L"按<Enter>键确定，绘制首尾相接的 4 段直线 AB、BC、CD、DE，线段

长度均为 15。

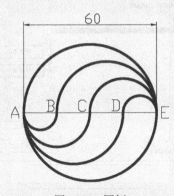

图 3-38　图例

（2）输入"PL"按<Enter>键确定，拾取 A 点为起点。

（3）输入"W"按<Enter>键确定，给定起点、端点的线宽均为 1。

（4）输入"A"按<Enter>键确定，绘制圆弧。先后拾取 E 点、A 点、D 点与 E 点。

（5）输入"D"按<Enter>键确定，光标在 A 点正上方任意处单击，改变切线方向为自 E 点竖直向上的方向。

先后拾取 B 点与 A 点。

（6）输入"D"按<Enter>键确定，光标在 A 点正下方任意处单击，改变切线方向为自 A 点竖直向下的方向。

先后拾取 C 点与 E 点，按<Enter>键确定退出命令，完成绘图。

3.7　多线的绘制

多线包含 1～16 条平行线，这些平行线称为图元。每个图元的颜色、线型，以及显示或隐藏多线的封口均可以设置。封口是那些出现在多线元素每个顶点处的线条。多线可以使用多种端点封口，如直线或圆弧。

1. 启动多线命令

（1）选择菜单【绘图】→<多线>。

（2）输入"ML"按<Enter>键确定。

2. 创建多线样式

选择菜单【格式】→<多线样式>或输入"MLSTYLE"按<Enter>键确定，均可打开"多线样式"对话框，如图 3-39 所示。

（1）在"多线样式"对话框中的"样式"文本框中列出了所有样式，并显示当前样式。在绘图时可以选择所需的样式确定，再单击"置为当前"按钮，更改当前样式。如果列表中没有所需的样式，可单击"新建"按钮，在"创建新的多线样式"对话框中输入新样式的名称，创建新的多线样式。

图 3-39 "多线样式"对话框

在"创建新的多线样式"对话框中单击"继续"按钮,弹出"新建多线样式"对话框。

(2)样式特性的设置。在"多线样式"对话框中单击"修改"按钮,弹出"修改多线样式"对话框,"修改多线样式"对话框与"新建多线样式"对话框内容相同。

在"修改多线样式"或"新建多线样式"对话框中,"说明"后面的空格供用户对每种样式做简要注释,如"用于绘制墙体"等。

对话框中列出了所有图元的列表,图元的偏移量、颜色及线型特性均在列表中显示,选中图元可修改以上特性。单击"添加"按钮可增添新的图元。

在对话框中设置多线在起点和端点处是否封口及封口形式、封口角度等。在"填充"选择区域中可控制多线内部是否填充以及填充特性。

设置完成后确定返回"多线样式"对话框,单击"保存"按钮,可以将新创建的样式或对样式特性所做的修改保存下来。

3.多线绘制

启动多线命令后,命令行提示:指定起点或[对正(J)/比例(S)/样式(ST)]。

指定起点直接绘制多线,选择对正 J 选项按<Enter>键确定,确定光标对正多线的对正类型,也即确定多线长度的基准元素;选择比例 S 选项按<Enter>键确定,给定多线各图元间相互宽度的比例;选择样式 ST 选项按<Enter>键确定,输入要选用样式名称,输入"?"按<Enter>键确定,弹出文本窗口,在文本窗口中显示所有样式,可从中选择。

实例 3-13 用多线绘制多线图形

绘制如图 3-40 所示的多线。

操作步骤:

(1)设置多线样式　　　//设置 5 个元素,各元素的偏距分别为 1、0.5、0、-0.5、-1,
　　　　　　　　　　　　//中间一个元素(偏距为 0 的元素)颜色设为青色,线型设为
　　　　　　　　　　　　//点画线

（2）启动多线命令　　//输入"ML"按<Enter>键确定

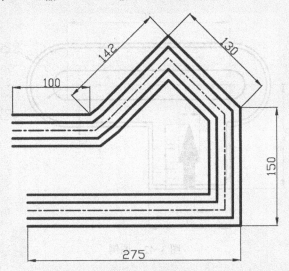

图 3-40　多线图例

（3）对正　　　　　//输入"J"按<Enter>键确定，再选择"Z"选项，选择无对正
（4）下一点　　　　//任意拾取起点
（5）下一点　　　　//水平向右绘制长度为 275 的直线
（6）下一点　　　　//竖直向上绘制长度为 150 的直线
（7）下一点　　　　//输入"<135"，锁定角度为 135°，向左上方绘制，输入长度为 130
（8）下一点　　　　//输入"<-135"，锁定角度为 215°，向左下方绘制，输入长度为 142
（9）下一点　　　　//水平向左绘制长度为 100 的直线，按<Enter>键确定退出命令

练一练：

（1）绘制如图 3-41 所示图形。

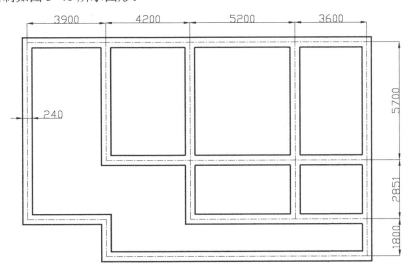

图 3-41　墙体

（2）绘制如图 3-42 所示图形。

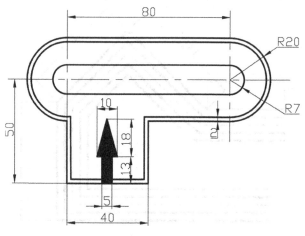

图 3-42　图例

3.8　构造线与射线的绘制

构造线与射线一般作为绘图的辅助线使用。

3.8.1　构造线

1．画构造线命令

画构造线命令为 XLine（XL）；或选择菜单【绘图】→<构造线>；或单击"绘图"工具栏中的图标 ✏。

2．操作指导

输入构造线命令后显示：-Xline 指定点或[水平（H）/垂直（V）/角度（A）/二等分（B）/偏移（O）]。

（1）默认方式：经过两点作一条射线。

（2）H：画水平构造线。

（3）V：画垂直构造线。

（4）A：画倾斜构造线。

（5）B：画角度构造线。

（6）O：画平移构造线。

3.8.2　射线

1．画射线命令

画射线命令为 Ray；或选择菜单【绘图】→<射线>。

2．操作指导

输入起始点，再输入射线经过的点，就可以作射线。

3.9 点的绘制

3.9.1 一般点

1. 画点的命令

画点的命令为 Point（PO）；或选择菜单【绘图】→<点>→<单点>或<多点>；或单击"绘图"工具栏中的图标·。

2. 操作指导

输入并执行命令 Point 绘制的是单点；单击"绘图"工具栏的图标·绘制的是多点，此时要通过<Esc>键结束画点命令。

3. 点的样式选择

选择点的样式命令为 DDPTYPE；或选择菜单【格式】→<点样式>，如图 3-43 所示。

图 3-43 "点样式"对话框

3.9.2 等分点

1. 画等分点的命令

定数等分点的命令为 divide（DIV）；或选择菜单【绘图】→<点>→<定距等分>或<定数等分>。

2. 操作指导

输入<定距等分>或<定数等分>命令后，再选择等分对象，输入等分数或等分距离即可，如图 3-44 所示。

图 3-44 点的定数等分

3.10 图案填充

图案填充在工程图纸中表达了一些特殊质地的剖切层面，如金属剖切面用 45°的细实斜线表示。在 AutoCAD 中的操作是将事先设好的封闭图形作为基本图形元素，填入一种表达一定意义的图案。

3.10.1 图案填充的操作

1．启动命令打开图案填充对话框

（1）选择菜单【绘图】→<图案填充>。

（2）输入"H"或"BH"按<Enter>键确定。

（3）单击【绘图】工具栏上的"图案填充"图标按钮 。

以上任一方法都可打开图案填充对话框，如图 3-45 所示。

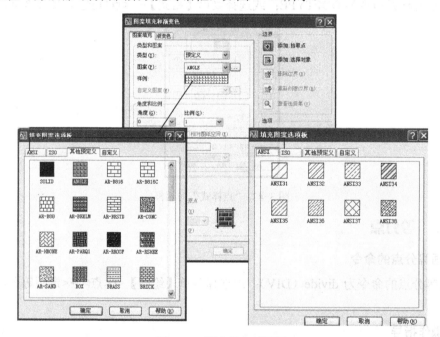

图 3-45　图案填充对话框

2．图案填充的设置

在如图 3-45 所示的"图案填充和渐变色"对话框中，选择"图案填充"选项卡，设置图案填充的属性。

单击样例后的图案或单击图案后的按钮，打开"填充图案选项板"对话框。从"填充图案选项板"中选择合适的填充图案，如填充金属剖面，可单击"ANSI"选项卡，选择第一个图案 ANSI31。选择图案后单击"确定"按钮，返回"图案填充和渐变色"对话框，可见样例后面的图案已变成所选择的图案。

角度：用于设置图案的填充角度，是图案与水平向右方向的夹角。

比例：用于设置图案的疏密程度，直接在后面输入比例数值，比例值越大，图案越稀疏，比例值越小，图案越稠密。

对话框右侧有关联和不关联选项，一般选择关联。选择关联，图案可随边界图形的编辑一同受到影响（如比例缩放、拉伸等命令）；选择不关联，则二维图形的编辑不会影响到填充的图案。

设置完毕后，单击"拾取点"按钮或"选择对象"按钮，对话框暂时消失，出现绘图窗口，从需要填充的区域内拾取或选择要填充的封闭对象，选择完毕后单击鼠标右键确认，返回对话框，单击"确定"按钮即可。

> ! 注："拾取点"与"选择对象"之间的区别如下。
>
> 选择对象，拾取图中的单一封闭对象，如圆、多边形、矩形、封闭多段线等，选择时，光标需要拾取到对象上；拾取点，光标在封闭的区域内单击，不论对象是否是单一的，只要是封闭的，都可以用这种方法选择。

3．填充渐变色的操作

在"图案填充和渐变色"对话框中单击"渐变色"选项卡，如图3-46所示。

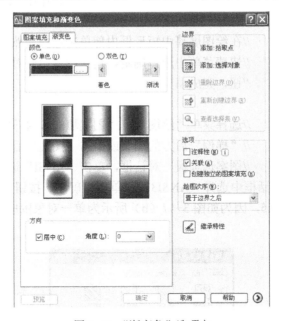

图3-46 "渐变色"选项卡

"颜色"下方有"单色"与"双色"两个选项，以确定是单一颜色填充还是两种颜色填充。

如图 3-46 所示的颜色后方的按钮用于选择填充颜色，单击该按钮，弹出"颜色选择"对话框。

如图3-46所示的下方是9种渐变样式，可从中选择；"方向"下方选项用于控制渐变的方位，"居中"是指居中渐变；"角度"是指设定渐变角度。

3.10.2 图案填充的应用

如图 3-47 所示，在图 3-47（a）中填入金属剖面，在图 3-47（b）中填入橡胶剖面。

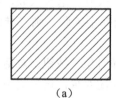　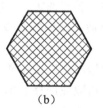

（a）　　　　　　　　　（b）

图 3-47　图案填充

操作方法 1：

（1）启动命令　　　//选择菜单"绘图"→"图案填充"，打开图案填充对话框单击

（2）选择图案　　　//"样例"后方的图案或单击"图案"后方的按钮，打开"填充
　　　　　　　　　　//图案选项板"对话框，单击"ANSI"选项卡，如图 3-48 所示。

在如图 3-48 所示对话框中选择"ANSI31"，单击"确定"按钮，返回图案填充对话框，设置角度为 0，比例为 0.5，因为图 3-47（a）为多个单一对象围成的封闭图形，所以需用"拾取点"按钮。

（3）选择填充区域　//在绘图屏幕中矩形框内部单击选择，然后单击右键，从弹出的
　　　　　　　　　　//快捷菜单中选择确定，返回图案填充对话框，单击"确定"按
　　　　　　　　　　//钮，完成填充

操作方法 2：

（1）启动命令　　　//选择菜单"绘图"→"图案填充"，打开图案填充对话框单击

（2）选择图案　　　// "样例"后方的图案或单击"图案"后方的按钮，打开"填充
　　　　　　　　　　//图案选项板"对话框，单击"ANSI"选项卡

在如图 3-48 所示对话框中选择"ANSI37"，单击"确定"按钮，返回图案填充对话框，设置角度为 0，比例为 0.5，因为如图 3-47（b）所示为单一对象围成的封闭图形，所以可以用"选择对象"按钮。

图 3-48　选择图案

（3）选择填充区域　　　//在绘图屏幕中单击正六边形，然后单击鼠标右键，从弹出
　　　　　　　　　　　　//的快捷菜单中选择确定，返回图案填充对话框，单击
　　　　　　　　　　　　//"确定"按钮，完成填充

3.10.3 修改填充图案

选择菜单"修改"→"对象"→"图案填充"，启动图案填充编辑命令，选择需要修改的图案填充，弹出"图案填充和渐变色"对话框，如图 3-49 所示。可见图案的编辑对话框与填充对话框基本相同，只是有些功能不能显示而已。读者可以在编辑对话框中修改已经填充的图案、比例、角度等。

图 3-49 "图案填充和渐变色"对话框

如图 3-50 所示，编辑图 3-50（a）的填充，使之成为图 3-50（b）的模式。
（1）启动图案填充编辑命令　　//选择菜单"修改"→"对象"→"图案填充"
（2）修改角度　　　　　　　　//在"角度"选项后的文本框中将 0 改成 90
（3）修改比例　　　　　　　　//在"比例"选项后的文本框中将 0.5 改成 0.25
单击"确定"按钮，即可将图 3-50（a）变成图 3-50（b）所示模式。

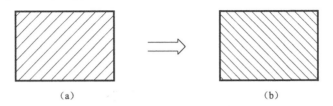

（a）　　　　　　　　　　　　　（b）

图 3-50 图案填充的编辑

使用同样的命令，选择渐变色填充，也可以对渐变色填充进行修改。

实例 3-14　绘制五星红旗

绘制一面五星红旗，红旗边长为 400 mm×260 mm，五角星填充黄色，其余填充红色，五

角星大小及位置自己确定，如图 3-51 所示。

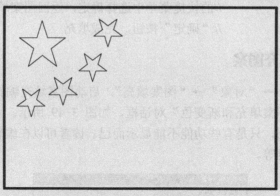

图 3-51　红旗

操作训练 3

1. 采用直线、圆、椭圆、多边形等命令绘制如图 3-52 所示图形。

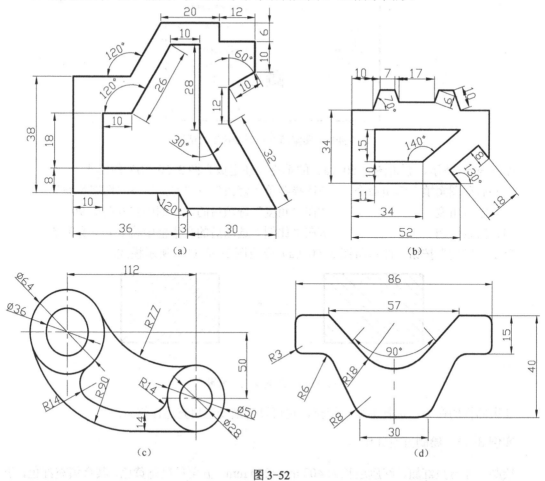

（a）　　　　　　　　　　　　　　　（b）

（c）　　　　　　　　　　　　　　　（d）

图 3-52

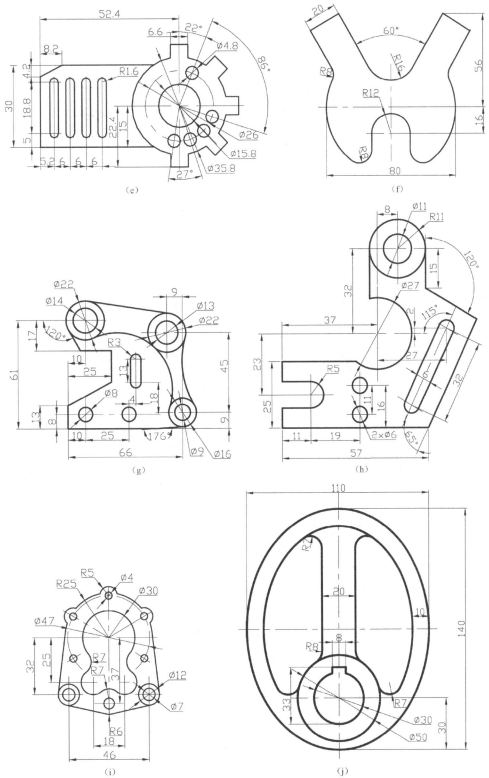

图 3-52（续）

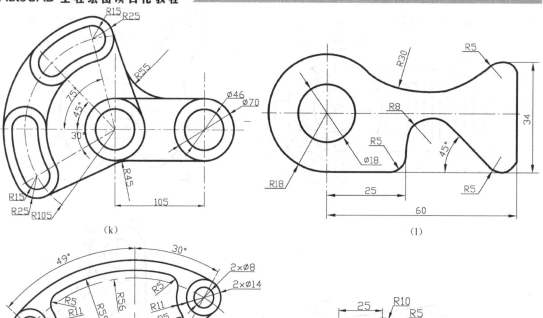

（k）

（l）

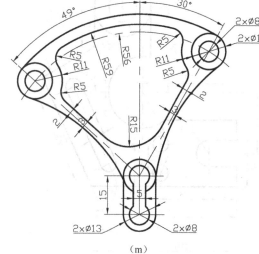

（m）

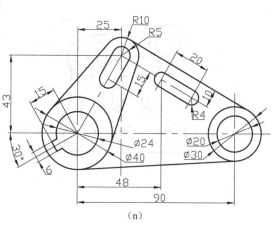

（n）

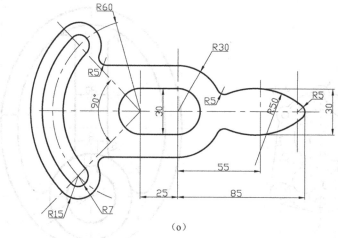

（o）

图 3-52（续）

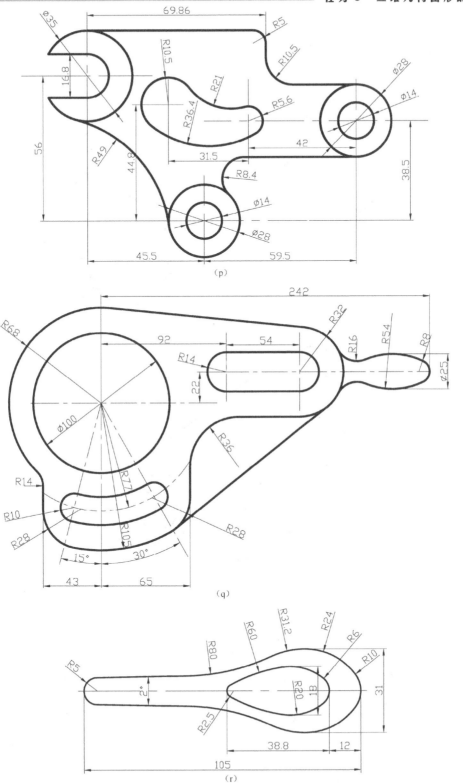

（p）

（q）

（r）

图 3-52（续）

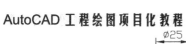

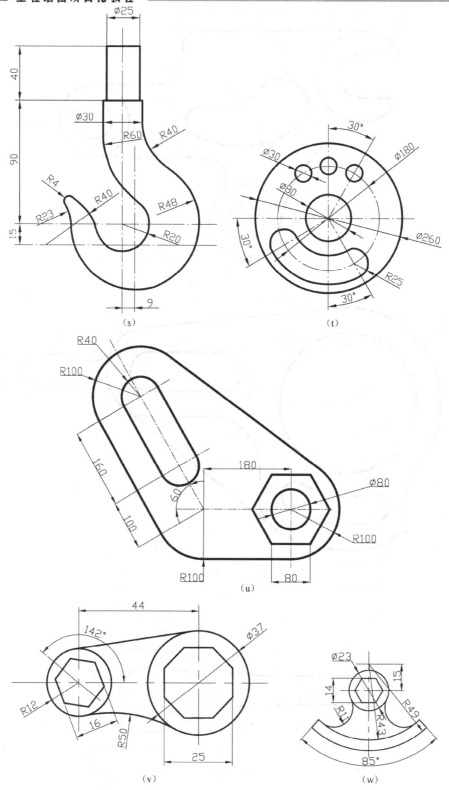

图 3-52（续）

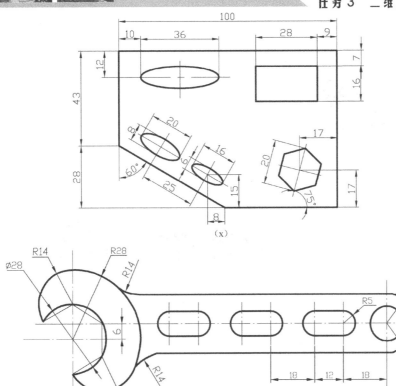

图 3-52（续）

2. 用图案填充、点、样条曲线命令绘制如图 3-53 所示图形。

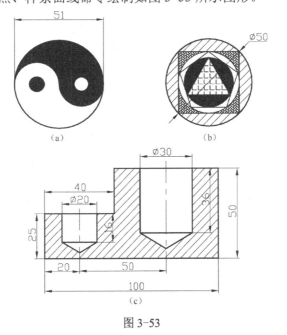

图 3-53

任务 **4**

二维几何图形的编辑

内容提要：通过简单轴、法兰盘螺栓孔及换热器端面的绘制，介绍 AutoCAD 的编辑命令，学会复制、镜像、旋转及倒角等命令，学会特性的匹配方法，掌握绘制图形的基本步骤。

任务导入

轴是重要的轴套类零件，用于支撑零件并与之一起绕轴线回转，以传递运动、扭矩。轴一般为细长回转体，各段可以有不同的直径。出于工作、装配、加工的需要，轴上多有倒角、圆角、退刀槽、键槽销孔、顶尖孔、螺纹等结构。轴反映形状特征的视图的主要特点是，主体部位轮廓为多段长度不同、宽度不同的矩形，且相对于轴线呈对称结构，如图 4-1 所示。

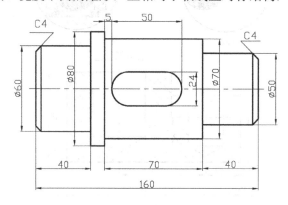

图 4-1 简单轴

知识探究

在绘制复杂图形的时候，经常要利用移动、旋转、修剪、倒角、缩放、复制、删除等操作对构成图形的基本图素进行必要的编辑与修改，以形成规范的图形。本章主要介绍 AutoCAD 2006 的编辑与修改功能。

4.1　选择对象的一般方式

编辑操作一般分两步进行，首先要构建选择集，即选择编辑对象，然后对所选对象进行编辑操作，或者首先输入编辑命令，再选择编辑对象进行编辑操作。

1．点选方式

点选方式是用鼠标点取被编辑对象的方式，被选中对象呈显亮虚线显示，并显示对象上的夹持点，如图 4-2 所示。

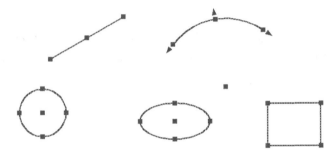

图 4-2　选择编辑对象

2．窗口方式

由右下向左上拖动鼠标，则窗口内及与窗口相交的对象即被选中，成为被编辑的对象。

3．交叉窗口方式

先输入编辑命令，在命令窗口"选择对象："提示下，输入"ALL"，即选中所有的图形对象。

4.2　基本编辑及修改

4.2.1　删除与剪切

1．删除

（1）删除命令为 Erase(E)；或菜单输入【修改】→<删除>；或单击"修改"工具栏的图标　。"修改"下拉菜单与工具栏如图 4-3 所示。

（2）删除命令的功能。将被选择的对象从图形中删除。

图 4-3　"修改"下拉菜单与工具栏

2．剪切

（1）剪切命令为 cutchlip；或菜单输入【编辑】→<剪切>；或单击"标准"工具栏的图标 ✂ 。

（2）剪切命令的功能。将被选择的对象从图形中剪切下来，以便后面粘贴用。

4.2.2　复制与粘贴

1．复制

1）简单复制

（1）简单复制命令为 Copy（CO 或 CP）；或菜单输入【修改】→<复制>；或单击"修改"工具栏的图标 🔧 。

（2）操作指导。输入复制命令后，选择对象✓确认，再选择对象上的一点作为基点，输入复制图形基点的新坐标位置或相对位移即可复制多个对象。

> 说明：Copy 命令复制对象的操作只能在当前窗口中进行，即无法在文件中进行复制粘贴。

实例 4-1　利用复制命令绘图

利用简单的复制操作，画如图 4-4 所示图形。

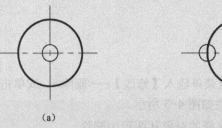

(a)　　　　　　　　　　(b)

图 4-4　复制操作

操作步骤：

（1）作 ϕ30 的圆。

（2）作 ϕ100 的点画线圆及十字中心线，确定其他的四个圆的位置，如图 4-4（a）所示。

（3）输入命令 copy↙。

选择对象：单击 ϕ30 的圆。

指定基点：捕捉该圆圆心作为基点。

指定第二个点：分别捕捉点画线圆与十字中心线的四个交点，作出其他四个圆，如图 4-4（b）所示。

2）剪贴板复制

（1）粘贴命令为 Pasteclip；或菜单输入【编辑】→<粘贴>；或单击"标准"工具栏的图标 🖼 。

（2）粘贴命令的功能。将通过"剪切"或"剪切板复制"操作而保存在剪贴板中的内容，粘贴复制到图形文件中。

4.2.3　镜像复制

1．镜像命令

镜像命令为 Mirror（MI）；或菜单输入【修改】→<镜像>；或单击"修改"工具栏的图标 🔺 。

2．操作指导

输入镜像命令后，选择镜像对象确认，指定镜像轴确认，即按所选镜像轴复制一个对象；若指定镜像轴后输入"Y"确认，则删除圆对象后复制一个对象。

实例 4-2　使用镜像命令绘制图形

（1）如图 4-5 所示，制作三角板的镜像复制。

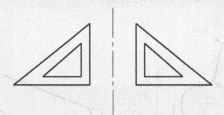

图 4-5　镜像复制

操作步骤：

① 绘制三角板图形。

② 输入镜像命令：Mirror。

③ 选择对象：选择三角板整体作为镜像对象↙确认。

④ 指定镜像线的两端点。

⑤ 要删除源对象吗？【是（Y）/否（N）】<N>：↙，完成镜像。

（2）使用镜像复制的命令，完成图 4-6 的绘制。

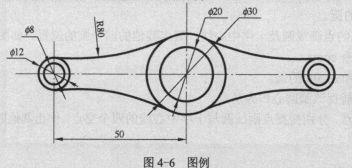

图 4-6　图例

操作步骤：

步骤 1：绘制基本图形。

① 建立图层，用圆心、直径的方法画出 $\phi30$、$\phi20$ 的两个圆。

② 绘制图形的左侧。将竖直中心线向左右偏移 50 mm，定出小圆的中心并画出 $\phi12$、$\phi8$ 的小圆。

③ 单击圆命令，使用相切、相切、半径方式作与 $\phi12$、$\phi30$ 相切，半径为 R80 的圆，修剪，即画出了基本图形，如图 4-7 所示。

步骤 2：使用镜像命令绘制另外一个 R80 的圆，如图 4-8 所示。

步骤 3：使用镜像命令绘制图形的右侧，如图 4-9 所示。

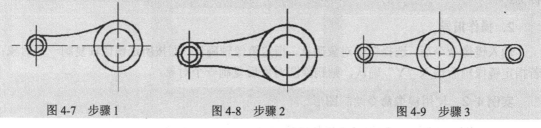

图 4-7　步骤 1　　　　　图 4-8　步骤 2　　　　　图 4-9　步骤 3

练一练：利用镜像命令完成图 4-10 的绘制。

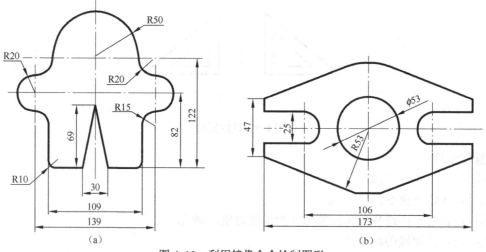

（a）　　　　　　　　　　　　　　　　　　（b）

图 4-10　利用镜像命令绘制图形

4.2.4 偏移复制

1. 偏移指令

偏移指令为 Offset（O）；或菜单输入【修改】→<偏移>；或单击"修改"工具栏的图标 ⌷。

2. 操作指导

（1）通过确定偏移距离，对实体进行偏移。

输入偏移指令→指定偏移距离↙→选定要偏移的对象→指定偏移的一侧。

（2）通过指定点对实体进行偏移。

（3）输入偏移命令→输入 T↙→选定要偏移的对象→指定偏移对象经过点。

实例 4-3 绘制操场跑道

画标准 400m 操场跑道，如图 4-11 所示。

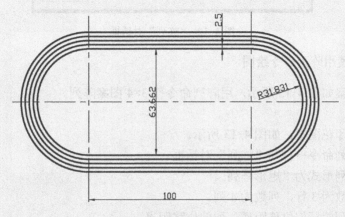

图 4-11 偏移复制

操作步骤：

（1）用多线命令作跑道的内圈，尺寸如图 4-11 所示。

（2）输入偏移指令 Offset。

（3）指定偏移距离为 2.5↙。

（4）选定跑道的内圈为偏移的对象。

（5）指定外侧偏移的一侧，重复三次完成图形。

> 说明：若非多段线绘制的图形，创建"边界"操作将要偏移的线定义成一个整体对象后再偏移。

4.2.5 阵列复制

1. 阵列命令

阵列命令为 Array（AR）；或菜单输入【修改】→<阵列>；或单击"修改"工具栏的图标 ▦。

2．操作指导

矩形阵列。输入阵列命令→打开"阵列"对话框（如图 4-12 所示）→选择阵列形式为"矩形阵列"→确定行数和列数→指定阵列的偏移距离与方向→选择对象→确定。

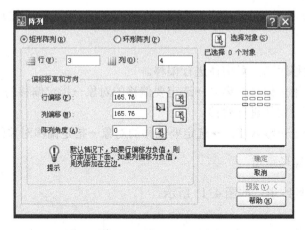

图 4-12　"阵列"对话框

实例 4-4　使用阵列命令绘图

单个印花图案如图 4-13 所示，用阵列命令作 3×4 图案阵列。
操作步骤：
（1）作单个印花图案，如图 4-13 所示。
（2）输入阵列命令→打开"阵列"对话框。
（3）选择阵列形式为"矩形阵列"。
（4）确定行数为 3 行，列数为 4 列。
（5）指定阵列的行偏位移距离、列偏位移距离。
（6）选择对象后确定，完成图形后如图 4-14 所示。

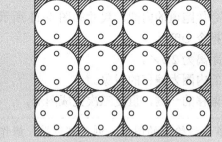

图 4-13　单个印花图案　　　　图 4-14　阵列后图案

　说明：行偏移与列偏移数值的正负决定了图案填充的象限。

3．环形阵列

输入阵列命令→打开"阵列"对话框（如图 4-15 所示）→选择阵列形式为"环形阵列"→确定阵列中心点→指定阵列的项目总数为填充角度→选择对象→确定。

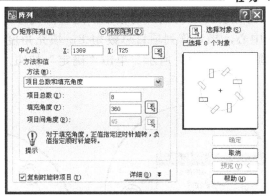

图 4-15 "阵列"对话框

实例 4-5 绘制法兰盘螺栓孔

作法兰盘 8 个螺栓孔环形阵列，如图 4-16 所示。

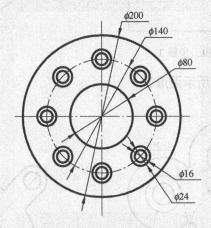

图 4-16 法兰盘

操作步骤：

步骤 1：建立图层，用圆心、直径的方法画出 $\phi80$、$\phi140$、$\phi200$ 的圆，如图 4-17 所示。

步骤 2：以 $\phi140$ 与水平中心线交点处为圆心，采用圆心、半径的方法画圆，直径为 $\phi24$ 和 $\phi16$，如图 4-18 所示。

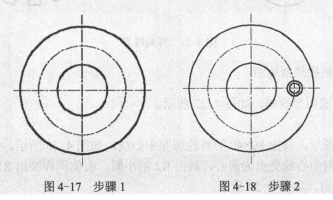

图 4-17 步骤 1　　　　　图 4-18 步骤 2

步骤 3：单击阵列命令，打开"阵列"对话框，选择阵列形式为"环形阵列"，确定阵列中心点为法兰盘的中心，指定阵列项目总数为 8，填充角度为 360°，选择阵列图形为 $\phi24$、$\phi16$ 的两个圆，如图 4-19 所示。单击"确定"按钮，完成图形，如图 4-20 所示。

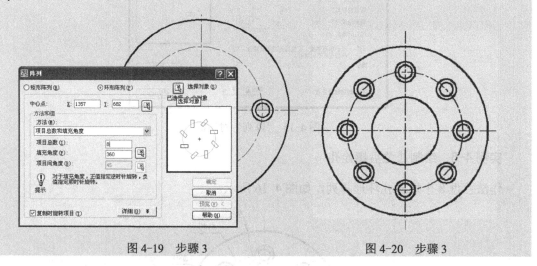

图 4-19　步骤 3　　　　　　　　　　图 4-20　步骤 3

练一练：完成如图 4-21 所示图形。

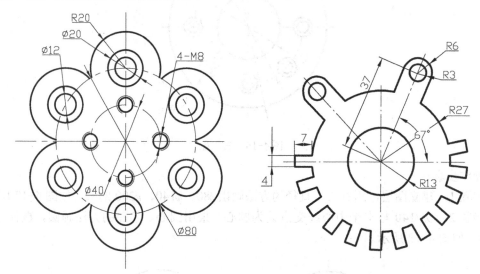

图 4-21　阵列练习

实例 4-6　绘制换热器端面

用矩形阵列完成图形绘制，如图 4-22 所示。

操作步骤：

步骤 1：建立图层，画出 80×40 的外轮廓和中心线，如图 4-23 所示。

步骤 2：以左侧中心线交点为圆心，画出 R2 的小圆，右侧同样画出 R2 的两个小圆，用轮廓线连接，并修剪，如图 4-24 所示。

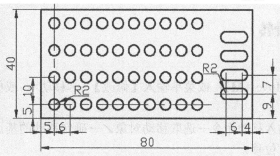

图 4-22 图例

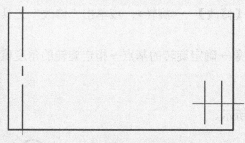

图 4-23 步骤 1

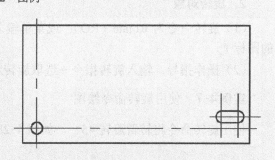

图 4-24 步骤 2

步骤 3：单击阵列命令，打开"阵列"对话框，选择阵列形式为"矩形阵列"，确定阵列中行和列数及行偏移和列偏移量，选择将要阵列的图形，作矩形阵列，左侧"阵列"对话框如图 4-25 所示，右侧如图 4-26 所示。

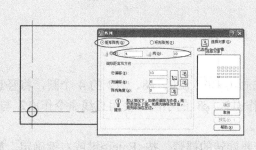

图 4-25 步骤 3

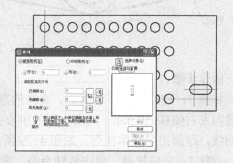

图 4-26 步骤 3

步骤 4：修剪中心线，完成图形，如图 4-27 所示。

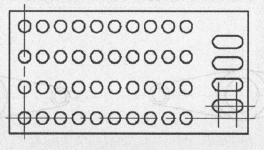

图 4-27 步骤 4

4.2.6 移动与旋转

1．移动对象

（1）移动命令为 Move（M）；或菜单输入【修改】→<移动>；或单击"修改"工具栏的图标 ✛ 。

（2）操作指导。输入移动命令→选取移动对象↙→确定移动的基点→指定新的坐标位置或直接输入移动的相对位移。

2．旋转对象

（1）旋转命令为 Rotate（RO）；或菜单输入【修改】→<旋转>；或单击"修改"工具栏的图标 ↻ 。

（2）操作指导。输入旋转指令→选取旋转对象→确定旋转的基点→指定旋转的角度值。

实例 4-7 使用旋转命令绘图

使用旋转命令将转臂旋转 45°，如图 4-28 所示。

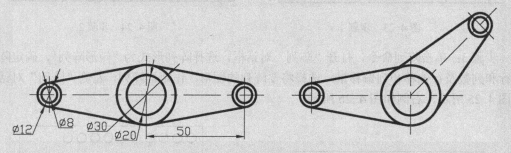

图 4-28　旋转对象

操作步骤：

步骤 1：建立图层，用圆心、直径的方法画出 $\phi30$、$\phi20$、$\phi8$、$\phi12$ 的 4 个圆，将竖直中心线向左右偏移 50 mm，定出小圆的中心并作 $\phi12$、$\phi8$ 的小圆。使用直线命令作 $\phi12$ 与 $\phi30$ 的切线，即画出了基本图形，如图 4-29 所示。

步骤 2：旋转摇臂。单击旋转命令，旋转要旋转的摇臂，按<Enter>键或右键确定。旋转基点即为中间摇臂的对称中心，输入旋转角度 45°，即可完成图形的绘制，如图 4-30 所示。

> 💡 **说明：** 使用旋转命令还可实现旋转复制的功能，旋转角度逆时针为正。

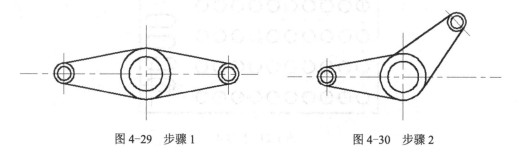

　　　　　图 4-29　步骤 1　　　　　　　　　　图 4-30　步骤 2

练一练：使用旋转复制的命令，绘制图 4-31 所示图形。

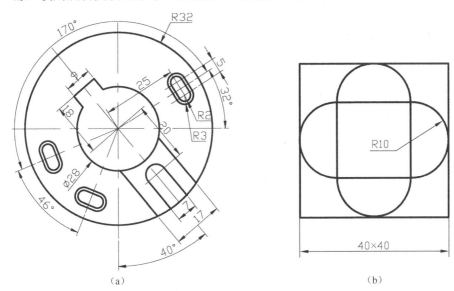

（a）　　　　　　　　　　　　　　　　　（b）

图 4-31　使用旋转复制命令绘制图形

4.2.7　缩放与拉伸

1．缩放对象

（1）菜单输入【修改】→<缩放>；或单击"修改"工具栏的图标 ▫ 。

（2）操作指导。输入缩放命令→选取缩放对象→确定缩放对象的基点→指定缩放的比例因子值。

2．拉伸对象

（1）菜单输入【修改】→<拉伸>；或单击"修改"工具栏的图标 ▯ 。

（2）操作指导。输入拉伸命令→选取拉伸对象→确定拉伸对象的基点→指定拉伸位移的第二点或相对位移量。

（3）操作要领。拉伸对象操作只是对整体对象的一部分图素进行拉伸，选取拉伸对象时，要从"右下到左上框取"拉伸对象的部分图素，然后回车确定选取要拉伸的对象，再选择基点便可拉伸。

> ❗**注意**：框取图素时注意不要框取全部对象，否则只能是移动整体对象。

（4）各种图素的拉伸特点。①线、等宽线、区域填充等图素的端点移动；②圆弧的端点移动，弦高不变；③对于圆、形、块、文本和属性定义，若其定义点位于选取框内则整体移动，否则不动。

实例 4-8　使用拉伸命令绘图

将 200×100 的矩形拉伸为 200×140 的矩形，如图 4-32 所示。

操作步骤：

（1）作出 200×100 的矩形，如图 4-32（a）所示。

（2）输入拉伸命令：Stretch✓。

（3）以交叉窗口或交叉多边形选择要拉伸的对象:交叉窗口选矩形上半部分。

（4）指定基点或【位移(D)】<位移>：选上边中点。

（5）指定第二个点或<使用第一个点作为位移>：输入距离 40✓，如图 4-32（b）所示。

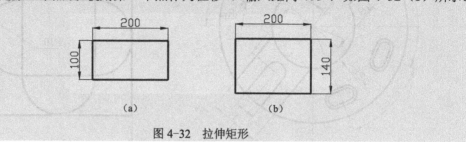

图 4-32 拉伸矩形

练一练：将图 4-33（a）拉伸到图 4-33（b）。

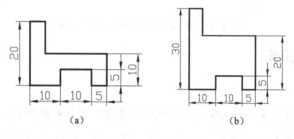

图 4-33 拉伸图形

4.2.8 拉长、修剪与延伸

1．拉长对象

（1）拉长命令为 Lengthen(LEN)；或菜单输入【修改】→<拉长>。

（2）操作指导。输入拉长指令后显示:选择对象或【增量（DE）/百分数（P）/全部（T）/动态（DY）】。

① 输入 DE✓，以固定增量方式改变对象的长度。输入长度值可改变直线的长度；输入角度值可改变弧度的长度，正值增长，负值则缩短。

② 输入 P✓，以总长的百分比的形式改变圆弧或直线的长度。输入原厂的百分比。

③ 输入 T✓，输入直线或圆弧的新长度来改变长度。

④ 输入 DY✓，动态地改变圆弧的直线长度。该方法最灵活。

> 说明：该操作不能直接选取对象进行拉长，应先选择拉长的方式后再操作。

2．修剪对象

通过修剪操作可以将对象超出或介于某一边界的部分删除。

（1）修剪指令为 Trim(TR)；或菜单输入【修改】→<修剪>；或单击"修改"工具栏的图标 ✚。

（2）操作指导。输入修剪命令后，选取修剪边界✓，再选取被剪切的对象✓。

实例4-9 使用修剪命令绘图

如图4-34所示，利用修剪操作画五角星。

图4-34 修剪对象

操作步骤：

（1）作五角星。

（2）输入修剪命令。

（3）选取修剪的边界↙。

（4）再选取被剪切的对象↙，完成图形。

3．延伸对象

通过延伸操作可以将对象延长到某一边界。

（1）延伸指令为Extend(ED)；或菜单输入【修改】→<延伸>；或单击"修改"工具栏的图标 ┤。

（2）操作指导。输入延伸指令后，选取延伸边界↙，再选取要延伸的对象↙。

练一练：如图4-34所示，将修剪后的五角星延伸成原图。

4.2.9 打断

打断操作可以将对象介于打断两点的部分删除，或将对象从打断点断开。

1．将对象介于打断两端的部分删除

（1）打断命令为Break(BR)；或菜单输入【修改】→ <打断>；或单击"修改"工具栏的图标 ⁑。

（2）操作指导。输入打断命令后，选取要打断对象的第一点，再选取要打断对象上的第二点，可将两点间的部分删除。

⚠注意：对圆进行打断操作时，要按逆时针方向将第一点到第二点之间的部分删除。

2．将对象从打断点断开

（1）打断于点命令的输入可直接单击"修改"工具栏的图标 ⁑。

（2）操作指导。输入打断于点命令后，选取要打断对象上的一点，可将对象从该点处一分为二。

实例4-10 使用打断命令绘图

打断及打断于点操作，如图4-35所示。

操作步骤：

首先作图，然后完成以下操作。

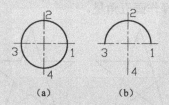

图 4-35 打断对象

（1）打断操作。

输入命令：break✓。

选择对象：选择圆。

指定第二个打断点或【第一点（F）】：f✓。

指定第一个打断点：选择 3 号象限点。

指定第二个打断点：选择 1 号象限点，将圆的下半部分删除，如图 4-35（b）所示。

（2）打断于点的操作。

输入命令：单击图标。

选择对象：选择半圆。

指定打断点：选择 2 号象限点，则将上半圆打断分成左右两部分，如图 4-35（b）所示。

4.2.10 倒角

1. 倒直角

（1）菜单输入【修改】→<倒角>；或单击"修改"工具栏图标　。

（2）操作指导。输入倒角命令后显示；

（"修剪"模式）当前倒角距离为 1=0.0000，距离 2=0.0000，选择第一条直线或[放弃（U）/多线段（P）/距离（D）/角度（A）/修剪（T）/方式（E）/多个（M）]。

① 输入 D✓,确定倒角距离。倒角前要确定第一条边到角点处的距离✓、第二条边到角点处的距离✓，选择两倒角边。

② 输入 A✓,确定倒角的角度。首先要确定第一条边到角点处的距离✓，再确定倒角的角度✓，选择两倒角边。

③ 输入 T✓，修剪模式选项。输入 T✓修剪，输入 N✓不修剪。

如图 4-36 所示为倒直角实例。

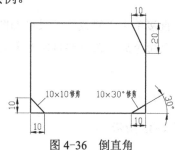

图 4-36 倒直角

（3）倒直角的特殊功能。当倒角距离设置为 0，且选择修剪模式时，可以利用倒角操作使两条不相交的直线在倒角处相交，如图 4-37 所示。

（a）　　　　　　　　　　　（b）

图 4-37　倒直角的特殊功能

2．倒圆角

（1）菜单输入【修改】→<圆角>；或单击"修改"工具栏的图标 。

（2）操作指导。输入倒圆角指令后显示：

当前设置：模式=不修剪，半径=10.0000，选择第一对象或[多段线（P）/半径（R）/修剪（T）]。

① 输入 R↙，确定倒圆角半径，输入半径后，↙确认。

② 输入 T↙，修剪模式选项，同倒直角。输入 T↙ 修剪，输入 N↙ 不修剪。倒圆角如图 4-38 所示。

图 4-38　倒圆角

（3）倒圆角的特殊功能。

① 利用倒圆角命令，将倒角半径设置为 0，且选择修剪模式，也可以像倒直角一样使两条不相交的直线相交。

② 另外，还可以将两条平行线直接用圆弧连接起来，可以用此法方便地画"平键"，如图 4-39 所示。

（a）　　　　　　　　　　　（b）

图 4-39　倒圆角的特殊功能

实例 4-11　简单轴的绘制

绘图简单轴，如图 4-40 所示。

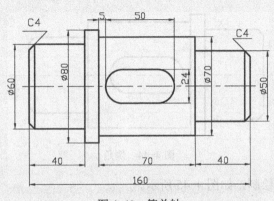

图 4-40　简单轴

操作步骤：

（1）建立图层：新建轮廓线图层，线宽 0.5 mm；新建中心线图层，线型为 CENTER，线宽为 0.25 mm。

（2）绘制轴中心线及上半轮廓。用"直线"命令在中心线层绘制水平轴线，长度为 180 mm（略长于轴的总长）。用"直线"命令在轮廓线层绘制上半部分轴的轮廓线（倒角不画，键槽不画），如图 4-41 所示。

（3）完成基本轮廓的绘制。使用"镜像"命令，以中心线为对称轴，完成轮廓绘制，如图 4-42 所示。

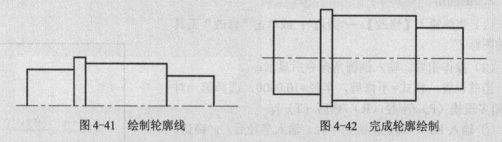

图 4-41　绘制轮廓线　　　　　　　　图 4-42　完成轮廓绘制

（4）绘制键槽。确定键槽的尺寸，完成绘制，如图 4-43 所示。

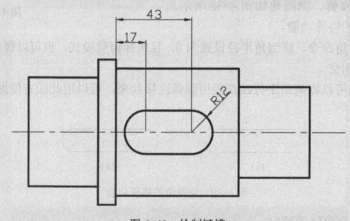

图 4-43　绘制键槽

（5）倒角。使用"倒角"命令，选择角度 A，边长 4，角度 45°，如图 4-44 所示。

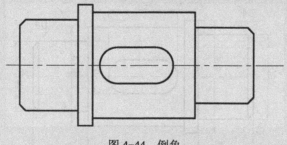

图 4-44　倒角

（6）完成简单轴的绘制，如图 4-45 所示。

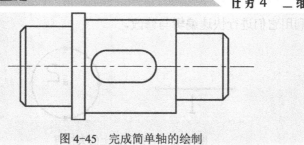

图4-45　完成简单轴的绘制

练一练： 完成图4-46所示图形。

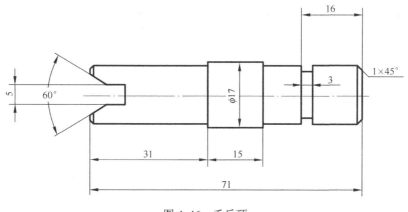

图4-46　千斤顶

4.2.11　分解

分解操作可以将整体对象分解成单个的部分对象进行编辑。

1. 分解命令

分解命令为Explode(X)；或者菜单输入【修改】→<分解>；或单击"修改"工具栏的图标 ✏ 。

2. 操作指导

输入分解命令，选择分解对象↙。图形分解如图4-47所示。

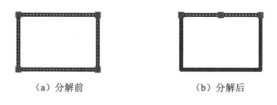

（a）分解前　　　　　　　（b）分解后

图4-47　图形分解

4.3　夹点编辑

利用 AutoCAD 绘制的图形对象上一般都有固定的特征点——夹持点（简称夹点），如图4-48所示，图形上的1和2所指示的方块即为夹持点。当对象被选中后其特征点便显示

出来，用户可以利用它们进行快速编辑与修改。

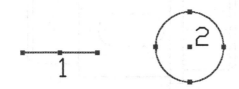

图 4-48　直线与圆上的夹持点

1．利用夹点移动对象

选择编辑对象后，再单击对象上的"移动夹点"可直接移动对象，如图 4-49 所示，直线的"移动夹点"为其中点；圆的"移动夹点"为其圆心。

2．利用夹点拉伸对象

先选择编辑对象，再选择夹持点，然后单击对象上的"拉伸夹点"进行拉伸操作，如图 4-50 所示。

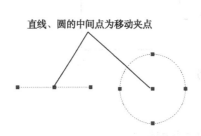

图 4-49　直线与圆上的夹点

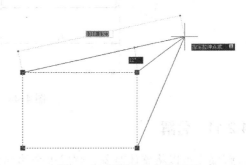

图 4-50　利用夹点拉伸矩形

3．利用夹点的其他操作

利用夹点还可以进行旋转、比例缩放、镜像复制等操作。

先选择编辑对象，再选择夹点并单击鼠标右键，调出快捷菜单。然后选择快捷菜单各项操作，如图 4-51 所示。

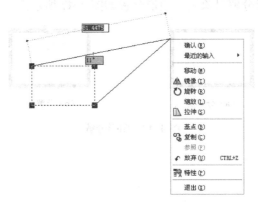

图 4-51　夹点操作快捷菜单

4.4 　特性匹配

AutoCAD 中的"特性匹配"功能，类似于 Word 中的"格式刷"的作用，可以将源对象的图层、线型、线宽、颜色等特征赋予目标对象。

1．特性匹配命令

特性匹配命令为 matchprop（MA）；或单击标准工具栏的图标 ✎ 。

2．操作指导

输入特性匹配命令，选择源对象，选择目标对象；或选择源对象，输入特性匹配命令，选择目标对象，即可将源对象的特性赋予目标对象。

例如，可将如图 4-52（a）所示的点画线特征赋予如图 4-52（b）所示的中心线上。

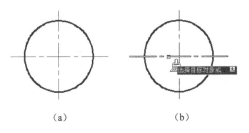

（a）　　　　　　　　（b）

图 4-52 　特性匹配

操作步骤：

命令：matchprop

选择源对象：选点画线

选择目标对象或[设置（S）]：选择两条中心线

4.5 　特性编辑

利用打开的特征窗口可以查到图形的特征参数，可以对其中的特征参数进行修改，集中编辑对象。

1．特性命令

特性命令为 properties（CH）；或菜单输入【修改】→<特性>；或单击"标准工具栏"的图标 🔧 。

2．操作指导

输入特性命令，打开特性窗口，选择对象；或先选择对象，输入特性命令，打开特性窗口，即可查找相应项进行参数特征的修改，如图 4-53 所示。

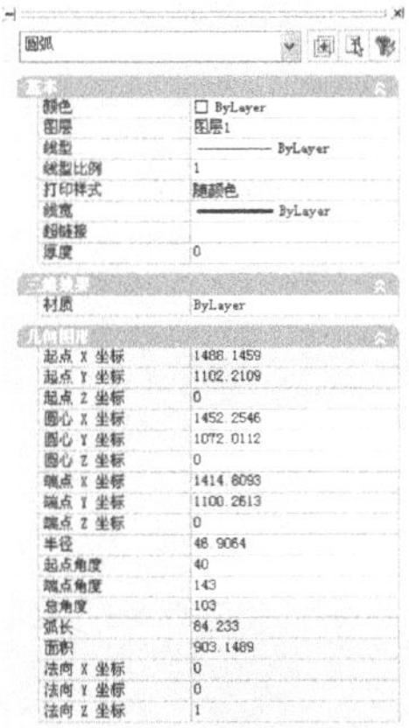

图 4-53 　特性窗口

操作训练 4

1. 使用倒角命令，绘制如图 4-54 所示图形。

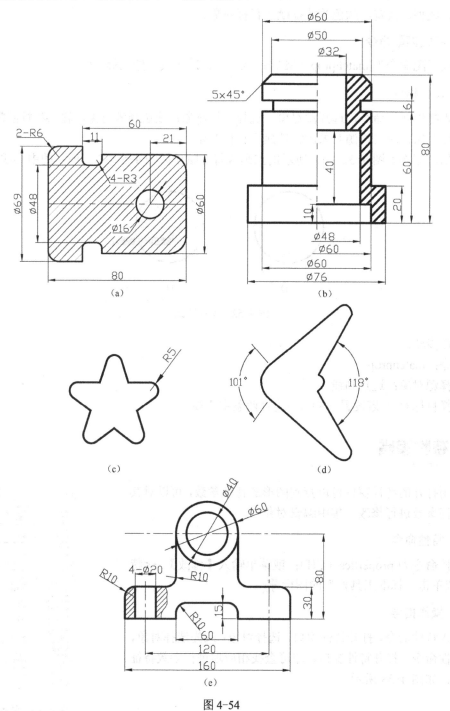

图 4-54

2. 使用修剪命令，绘制如图 4-55 所示图形。

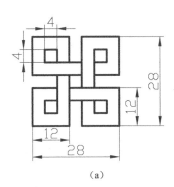

（a）

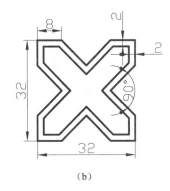

（b）

图 4-55

3. 使用阵列命令，绘制如图 4-56 所示图形。

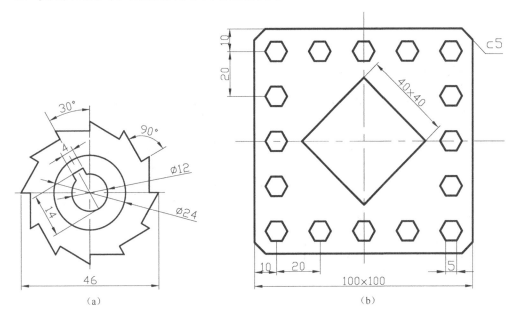

（a）

（b）

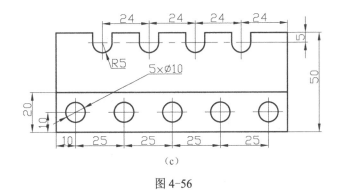

（c）

图 4-56

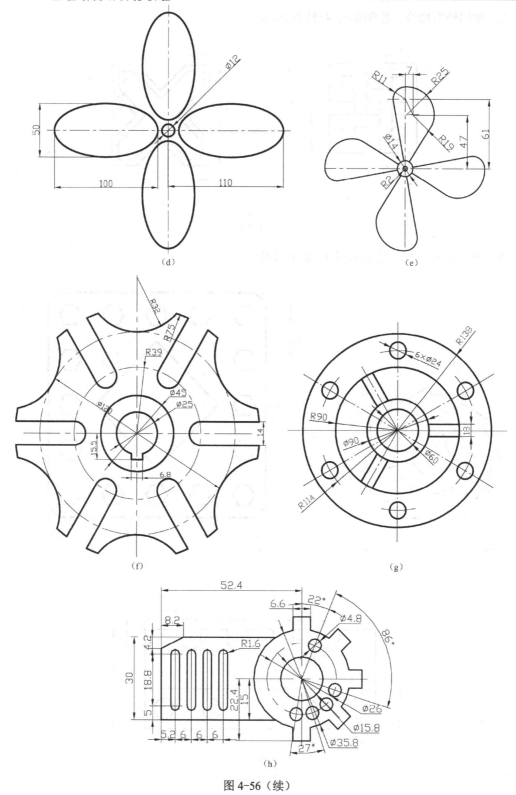

(d)

(e)

(f)

(g)

(h)

图 4-56（续）

4．使用镜像的命令，绘制下面图形

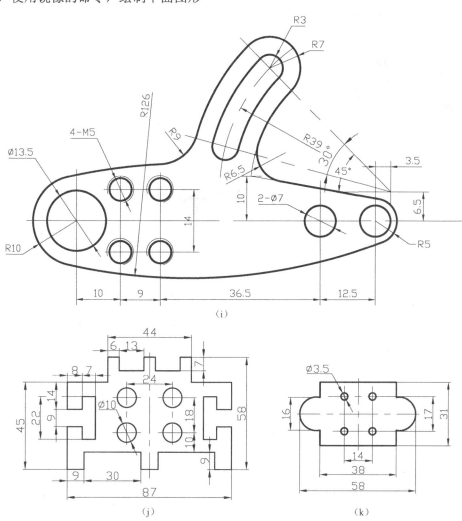

（i）

（j）

（k）

图 4-56（续）

任务 **5**

文本与表格

内容提要：通过技术要求及齿轮参数表的书写及绘制，介绍 AutoCAD 文字和表格的创建、使用与编辑，掌握多行文字的书写及标题栏的绘制。

任务导入

技术要求如图 5-1 所示，表格文字如图 5-2 所示，是工程图样中必不可少的内容。技术要求常用来说明制图中的一些补充文字信息，是带有段落格式信息的多行文字。表格使得 CAD 使用起来更加灵活。

技术要求

1. 未注倒角C2。
2. 未注圆角R5。

图 5-1　技术要求

齿轮参数表

项目	符号	数值
法向模数	m	2
齿形角	α	20
齿数	z	64
螺旋角	β	18

图 5-2　齿轮参数表

知识探究

文本是工程的一部分，是线条图形的有效补充和必要说明，它可以用作图形的注释说明工程技术要求的规定、图形图号与零件名称、标题、BOM 表格中的内容等。

AutoCAD 中的文本写入有单行文字和多行文字两种形式。单行文字按<Enter>键换行，每行是一个对象；多行文字则是整个文本的一个对象。

5.1　文字样式创建

5.1.1　创建文字样式命令

在写文字之前，要确定使用文字的类型、大小及效果等特征，这些特征可以通过创建文字样式来完成。

1. 启动命令

（1）选择菜单【格式】→<文字样式>。

（2）输入"ST"按<Enter>键确定。

启动命令打开"文字样式"对话框。

2."文字样式"对话框操作

在"文字样式"对话框"样式"列表区域中列出所有的文字样式，如图 5-3 所示。没有新建文字样式时，系统默认的样式为"Standard"。

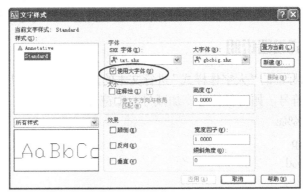

图 5-3　"文字样式"对话框

1）样式特性的修改

在字体下方的"使用大字体"前，将复选框中的钩去掉，从样式名列表中选中样式名，可以更改其字体、宽度比例、倾斜角等特性。

（1）字体名：展开字体的下拉列表，从中选择当前样式的新字体（如仿宋体）。列表中有很多选项，可以通过下拉列表框的滚动条来选择。

大字体：选中字体名下方的"使用大字体"复选框，字体样式选项变为"大字体"，用于选择大字体文件，指定亚洲语言的大字体文件。只有在"字体名"中指定 SHX 文件，才能使用"大字体"。

（2）字体样式：当字体名选择非"SHX"文件时，下方使用大字体不可用，或选择"SHX"文件而不选中"使用大字体"复选框，可以设置字体样式，如斜体、粗体或者常规字体。

（3）高度：根据输入的值设置文字高度。如果输入 0，每次用该样式输入文字时，AutoCAD 都将提示输入文字高度。输入大于 0 的高度则设置该样式的文字高度。如果该文字样式要用于标注，而在标注中需要更改文字高度的话，则在此处不可设置高度，否则在标注样式中不能更改。

（4）效果：修改字体的特性，如高度、宽度比例、倾斜角以及是否颠倒显示、反向或垂

直对齐。

（5）颠倒：颠倒显示字符。

（6）反向：反向显示字符。

（7）垂直：显示垂直对齐的字符，只有在字体为 txt.shx 时方可使用。

（8）宽度比例：设置字符间距。输入小于 1.0 的值将压缩文字，输入大于 1.0 的值则扩大文字。国家标准规定，工程字的宽度比例为 0.67。

（9）倾斜角度：设置文字的倾斜角度。输入一个-85～85 之间的值将文字倾斜。

（10）重命名：选定非默认样式，可以重新为其命名。

（11）删除：选定非默认且未用过的样式，可以将其删除。

设置完毕后，先后单击"应用"、"关闭"按钮，返回绘图窗口。

2）新建文字样式

一个文件中如果需要有几种不同效果，就得创建多种文字样式。单击"新建"按钮，打开"创建文字样式"对话框。

在样式名中为新建的文字样式命名，默认的样式名为"样式 1"、"样式 2"等。单击"确定"按钮，返回"文字样式"对话框，在对话框中选中新建的样式进行特性设置。

5.1.2 文字样式设置说明

AutoCAD 中采用标准的"大字体样式"进行文本的注写，这样可以兼顾中、英文的使用，特别是使用一些特殊符号，如直径符号、加减号、度符号等。

● 直径符号ϕ：%%c

● 加减号±：%%p

● 度符号°：%%d

● 百分号%：%%%

"大字体"使用扩展名为.SHX 的字体文件，在设置字体选项时，首先要选择使用"大字体"，"字体"选 gbeitc.shx，"大字体"选 gbcbig.shx。

实例 5-1 设置 GB5 的"大字体"

操作步骤：

（1）通过【格式】→<文字样式>下拉菜单输入文字样式的设置命令，打开"文字样式"对话框，如图 5-4 所示。

图 5-4 "文字样式"对话框

（2）单击"新建"按钮，新建样式名为 GB5，如图 5-5 所示。

图 5-5　"新建文字样式"对话框

（3）选中"使用大字体"复选框，选择"SHX 字体"改为 gbeitc.shx，"大字体"选择 gbcbig.shx，设置文字高度为 5，如图 5-6 所示。

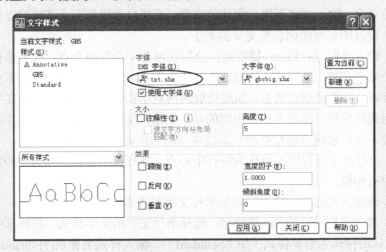

图 5-6　设置字体选项

（4）单击"应用"按钮，GB5 文字样式设置完成。

练一练：设置常用的 GB0（字高 0）、GB5（字高 5）、GB10（字高 10）与 ST4（字高 4）、ST8（字高 8）五种文字样式，并保存于样板文件中以备今后使用。

5.2　文字注写

5.2.1　单行文字

1. 启动命令

（1）选择菜单【绘图】→<文字>→<单行文字>。

（2）输入"DT"按<Enter>键确定。

2. 操作

（1）启动命令后，命令行提示：指定文字的起点或[对正(J)/样式(S)]。

（2）默认选项。指定单行文字的输入起点，按下列顺序操作输入汉字。

① 从屏幕中拾取点作为单行文字的起点。

指定文字高度：可以输入文字的高度值，也可以从屏幕中拾取两点，两点间的距离就是文字的高度。

② 在命令行中输入文字，按<Enter>键换行，全部文字输入完毕后，按两次<Enter>键退出命令。

③ 对正选项。输入"J"按<Enter>键确定，命令提示：[对齐(A)/调整(F)/中心(C)/中间(M)/右(R)/左上(TL)/中上(TC)/右上(TR)/左中(ML)/正中(MC)/右中(MR)/左下(BL)/中下(BC)/右下(BR)]。从中选择单行文字的对齐方式。

● 对齐。输入"A"按<Enter>键确定，分别在屏幕中拾取两个点，作为单行文基线的第一个端点和第二个端点。注意拾取两个端点需按照从左至右、从下至上的顺序拾取，否则文字将呈倒立状态。如果拾取的两点不在一条水平线上，则文字自动沿拾取的方向旋转角度。输入文字不提示字体的高度，系统自动根据两个基线端点的距离和文字样式中设置的高宽比例调整文字的大小。

● 调整。输入"F"按<Enter>键确定，分别在屏幕中拾取两个点，作为单行文字基线的第一个端点和第二个端点。注意，拾取两个端点时按照从左至右、从下至上的顺序拾取，否则文字将呈倒立状态。如果拾取的两点不在一条水平线上，则文字自动沿拾取的方向旋转角度。与对齐选项不同的是，在输入文字时，系统提示文字高度，输入文字高度不变，系统自动根据两个基线端点间的距离调整高宽比例。

● 中心。单行文字以指定的点作为每行中心点，各行文字以此点作为中心对称对齐，中间与中心相似。

● 其他。选择其他选项，指定点均是单行文字对齐点。

④ 样式。输入"S"按<Enter>键确定，选择单行文字的文字样式，在屏幕中输入所需样式的名称，默认的样式为当前样式（如"Standard"）：输入样式名称或[?]<Standard>。如果不清楚当前文件中有哪些文字样式，则可输入"?"，命令行提示输入要列出的文字样式名：输出要列出的文字样式名<*>。直接按<Enter>键确定，在文本窗口中列出所有样式。

从文本窗口中可以看到当前文件中所有的文字样式以及每种样式的特性。从文本窗口中输入"S"按<Enter>键确定，再输入所需要的样式名按<Enter>键确定，在绘图窗口中按前文所述进行输入文字的操作。

练一练： 完成下列文字的书写，如图 5-7 所示。

水平ST4文字

Middle point

First text line point

倾斜ST8文字

AutoCAD中要用大字体注写文字

图 5-7 文字样式

5.2.2　多行文字

1. 启动命令

（1）选择菜单【绘图】→<文字>→<多行文字>。

（2）输入"T"按<Enter>键确定。

（3）单击"绘图"工具条中的"多行文字"图标按钮 A。

2. 操作指导

输入多行文字命令，指定第一个角点，再指定第二个角点，即可调出多行文字编辑器对话框，如图 5-8 所示，然后利用该编辑器注写文字，文字写完后单击"确定"按钮。

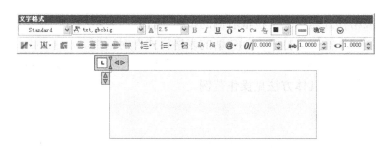

图 5-8　输入多行文本窗口

多行文字的功能比较丰富，适合注写较复杂、要求较高的文本。从屏幕中拾取两点，文字将绘制在两点围成的矩形框中。在拾取第二点前，命令行提示：

高度：输入"H"按<Enter>键确定，指定文字的高度。

对正：输入"J"按<Enter>键确定，选择文字的对正方式。

行距：输入"L"按<Enter>键确定，确定多行文字的行间距。

旋转：输入"R"按<Enter>键确定，确定多行文字的旋转角度。

样式：输入"S"按<Enter>键确定，选择文字样式。

宽度：输入"W"按<Enter>键确定，确定多行文字书写区域范围的宽度，输入宽度后，则不需要再从屏幕拾取第二点。

以上选项中，高度、对正、旋转与样式的操作与单行文字相同。

区域选定后，系统自动弹出文本输入的对话框，如图 5-8 所示。

在对话框中，可以单击"Standard"的下拉列表框，从中选择文字样式。

单击"字体"下拉列表框，可以选择字体。

单击"颜色"下拉列表框，可以选择颜色。

在字高栏中输入文字的高度值。

3. 输入文字

在对话框中输入文字，按<Enter>键换行。选中文字，然后单击下画线按钮，可以设置选中文字下画线的特性。选中文字，单击加粗、斜体按钮，可以设置文字粗体、斜体特性，如图 5-9 所示。

技术要求

1. 未注倒角C2。

2. 未注圆角R5。

图 5-9　选中文字设置下画线

5.3 表格创建

AutoCAD 中的表格用于特殊的参数或技术说明，AutoCAD 2008 中增加了创建表格的功能。创建表格的方法是，先创建空表格，再填写文字或数据。

5.3.1 创建表格命令

创建表格命令为 Table；或菜单输入【绘图】→<表格>；或单击"绘图"工具栏的图标 田。

5.3.2 创建表格样式与插入

（1）单击"表格样式名称"下拉框右侧的按钮，打开"表格样式"对话框。

（2）单击"新建"按钮，打开"创建新的表格样式"对话框。

（3）在"新样式名"栏中输入名称后，单击"数据"、"表头"、"标题"选项卡进行设置。各选项卡的设置较简单，具体方法见操作范例。

实例　绘制齿轮参数表

创建"齿轮参数表"的表格样式，并绘制"齿轮参数表"，如图 5-10 所示。

齿轮参数表		
项目	符号	数值
法向模数	m	2
齿形角	α	20
齿数	z	64
螺旋角	β	18

图 5-10　齿轮参数表

操作步骤：

（1）单击"样式"工具栏中的 按钮，打开"表格样式"对话框，单击"新建"按钮，打开"创建新的表格样式"对话框，输入表格样式名称："齿轮参数表"，如图 5-11 所示。

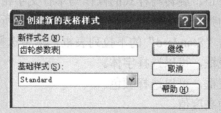

图 5-11　"创建新的表格样式"对话框

（2）单击"继续"按钮，打开"新建表格样式：齿轮参数表"对话框，并按图示对"数据"、"表头"、"标题"选项卡进行设置，如图 5-12 所示。

（3）单击"确定"按钮，打开"表格样式"对话框，单击"置为当前"按钮，将"齿轮参数表"样式置为当前，如图 5-13 所示。

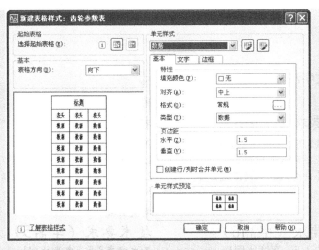

图 5-12　"数据"选项卡

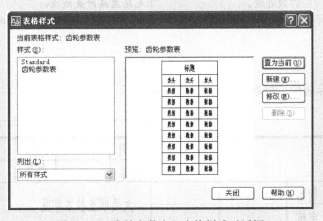

图 5-13　"齿轮参数表"表格样式对话框

（4）单击"关闭"按钮，返回"插入表格"对话框，并按图示设置，如图 5-14 所示。

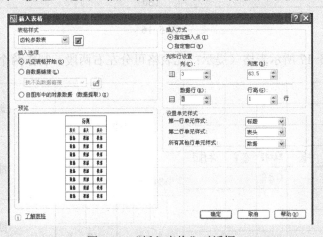

图 5-14　"插入表格"对话框

（5）单击"确定"按钮，指定插入点，创建"齿轮参数表"，如图 5-10 所示。

操作训练 5

1. 完成以下文字注写练习，如图 5-15 所示。

仿宋体
技术要求（字高5）
正文字高3.5，宽度比例0.67
1. 毛坯应经时效处理。
2. 铸件不得有气孔、夹渣疏松等缺陷。

楷体
技术要求（字高5）
正文字高3.5，宽度比例1
1. 毛坯应经时效处理。
2. 铸件不得有气孔、夹渣疏松等缺陷。

宋体
技术要求（字高5）
正文字高3.5，宽度比例1
1. 毛坯应经时效处理。
2. 铸件不得有气孔、夹渣疏松等缺陷。

华文新魏
技术要求（字高5）
正文字高3.5，宽度比例1
1.毛坯应经时效处理。
2.铸件不得有气孔、夹渣疏松等缺陷。

图 5-15

2. 填写图纸标题栏，标题栏尺寸如图 5-16 所示。

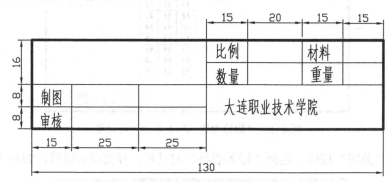

图 5-16

3. 制作如图 5-17 所示表格（提示：此表格可分左右两段，制作两个表格组合而成）。

标记	处数	分区	更改文件号	签名	年月日				
设计			标准化						
审核									
工艺			批准						

（材料标记）

阶段标记	重量	比例
共 页		第 页

（单位名称）

（图样名称）

（图样代号）

图 5-17

4. 完成以下文字注写练习，如图 5-18 所示。

技术要求　　　　　　$\phi 100 \pm 0.01$

1. 表面发蓝处理　　　$50_{-0.01}^{0}$

2. 棱角倒钝　　　　　$45°$

图 5-18

任务**6**

尺寸标注

内容提要：通过千斤顶的绘制与标注，介绍 AutoCAD 的基本标注，学会长度标注、角度标注、圆的标注，学会形位公差和尺寸公差的标注方法，掌握标注样式的设置步骤。

【任务导入】

对于一张完整的工程图，准确的尺寸标注是不可缺少的，如图 6-1 所示。标注可以让其他工程人员清楚地知道几何图形的严格数字关系和约束条件，方便进行加工、制造、检测和备案工作。机械零件的尺寸标注必须认真、细致，并要求做到完整、清晰、合理。

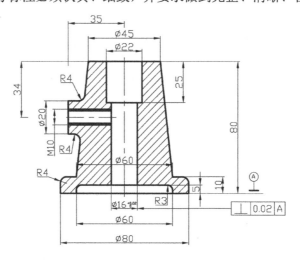

图 6-1　千斤顶

知识探究

6.1 尺寸的组成

尺寸由尺寸界线、尺寸线、尺寸箭头和尺寸文字组成，尺寸标注的外观样式主要由这些因素组成。

1. 尺寸界线

为了清晰，通常用尺寸界线将尺寸引到实体之外，有时也可用实体的轮廓线或中心线作为尺寸界线。

2. 尺寸线

尺寸线可以是一条带有双箭头的线段或带有单箭头的线段。

3. 尺寸箭头

尺寸箭头用来标注尺寸线的两端，不同种类的图形如机械、建筑图形有不同的箭头形式。

4. 尺寸文字

尺寸文字为标注尺寸值的大小及标注注释的文字。

6.2 创建标注样式

1. 启动命令

创建标注样式命令为Dimstyle；或菜单输入【格式】→<标注样式>；或菜单输入【标注】→<样式>，或单击工具栏的标注图标 。

2. 操作指导

输入创建标注样式命令后即可调出"标注样式管理器"对话框，如图6-2所示。利用它可以显示当前的标注样式、标注样式列表、当前样式外观的预览，可以新建与修改标注样式。

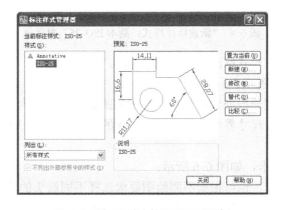

图6-2 "标注样式管理器"对话框

3. 新建标注样式

（1）单击"新建"按钮，调出"创建新标注样式"对话框，如图6-3所示。

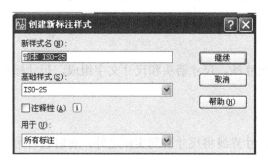

图6-3 "创建新标注样式"对话框

（2）在"新样式名"文本框中定义新建标注样式名称。

（3）单击"继续"按钮调出"新建标注样式：副本ISO-25"对话框，对其中的各选项卡进行设置，如图6-4所示。

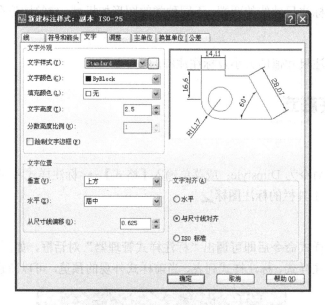

图6-4 "新建标注样式：副本ISO-25"对话框

这里介绍机械绘图中尺寸标注的一般设置方法。

"直线"选项卡，如图6-5所示。

尺寸线的颜色与线宽一般要选择随层。基线的距离一般设置为5～10 mm。尺寸界线的颜色与线宽同样要随层。尺寸界线一般超出尺寸线的长度为1.5～3 mm。起点偏移量最好设置为0。

"符号和箭头"选项卡，如图6-6所示。

箭头一般采用默认值，也可根据不同绘图要求选择不同箭头的形式和箭头的大小。圆心标记控制圆或圆弧的中心标记形式。半径折弯标注用于确定半径标注的折弯角度。

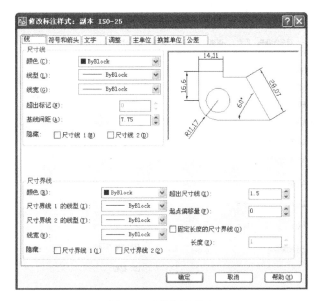

图 6-5 "线"选项卡

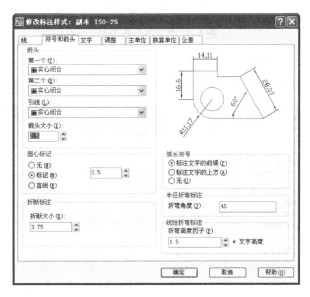

图 6-6 "符号和箭头"选项卡

"文字"选项卡，如图 6-7 所示。

文字样式主要是设置尺寸标注的文字样式。单击右边的箭头，则出现下拉列表。一般情况下，尺寸"标注样式"中的文字样式要用 0 字高的文字样式，如"GB0"（字高为 0 的大字体），以便用尺寸"标注样式"中的字高值来控制尺寸标注的字高。颜色一般设置为随层。文字高度可根据图纸图幅大小的不同，设置相应的文字高度。A3 及 A4 图纸可用文字高度为 5 的大字体。文字位置垂直是控制文字相对尺寸线的上下位置，一般为"上方"；水平控制文字相对尺寸线的水平位置，一般为"居中"。从尺寸线偏移量是设置文字相对尺寸线的偏移距离，取 0.5~1 mm。

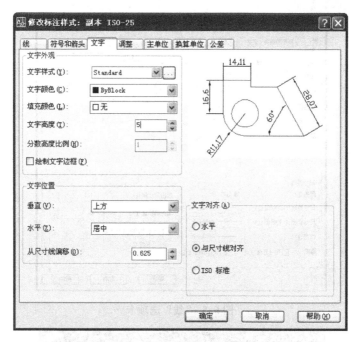

图 6-7 "文字"选项卡

"调整"选项卡，如图 6-8 所示。

"调整"选项卡用于控制调整文字与尺寸箭头的和谐，如图 6-8 所示。

图 6-8 "调整"选项卡

"主单位"选项卡，如图 6-9 所示。

可以利用它设置尺寸标注的单位格式、精度等。

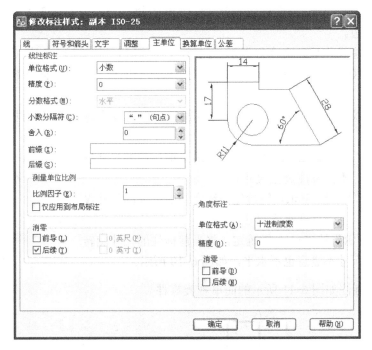

图6-9 "主单位"选项卡

"换算单位"及"公差"选项卡一般不用设置。

各选项卡设置完后，单击"确定"按钮，返回标注样式管理器。

单击"置为当前"按钮，则该标注样式将用于当前的尺寸标注。如不再做增加或修改操作，单击"关闭"按钮即完成"标注样式"的创建。

6.3 基本尺寸标注

6.3.1 线性尺寸标注

线性标注很方便地提供了水平方向和竖直方向的尺寸标注。

1. 启动线性标注命令

（1）选择菜单【标注】→<线性>。

（2）单击【标注】工具条上或面板上的<线性标注>图标按钮。

（3）输入"DLI"按<Enter>键确定。

2. 线性标注的操作

启动命令后，命令行提示：指定第一条尺寸界线原点或<选择对象>。

（1）拾取点的操作方式。先后从屏幕中拾取两点，所标注的就是所拾取的两点间的水平或竖直距离的尺寸。如图6-1所示，标注80的竖直尺寸，启动命令，先后拾取矩形左下角与右下角顶点。

（2）选择对象的操作方式。启动命令后按<Enter>键，选择要标注的对象。如图6-1所示，标注 80 的竖直尺寸，启动线性标注命令，按<Enter>键确定，当光标变成小方框时，直接拾取矩形右侧竖直边。

执行上述任意操作后，命令行提示：[多行文字（M）/字（T）/角度（A）/水平（H）/垂直（V）/旋转（R）]。移动光标，在距离轮廓线适当的位置单击鼠标左键放置尺寸，标注完成。

多行文字、文字和角度等 3 个选项与直径标注中的 3 个选项意义相同，请见后面直径标注。

水平：输入"H"按<Enter>键确定，锁定当前标注的尺寸仅能标注水平尺寸，不能标注竖直尺寸。

垂直：输入"V"按<Enter>键确定，锁定当前标注的尺寸仅能标注竖直尺寸，不能标注水平尺寸。

旋转：输入"R"按<Enter>键确定，将当前标注的尺寸旋转一定的角度，即尺寸不竖直也不水平，如图 6-10 所示。

图 6-10　线性标注旋转选项的效果

实例 6-1　标注如图 6-11 所示的简单轴类零件

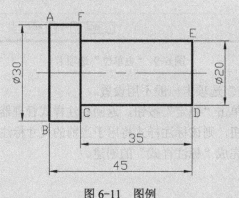

图 6-11　图例

操作步骤：

（1）标注 CD 水平尺寸。

启动标注命令	//输入"DLI"按<Enter>键确定
指定尺寸界线原点	//按<Enter>键
选择标注对象	//按如图 6-11 所示的 CD 直线拾取对象移动光标，在适当位置放置

（2）标注 BD 水平尺寸。

启动标注命令	//按<Enter>键重复上一次命令
指定尺寸界线原点	//分别拾取左下角与右下角两点；移动光标，在适当位置放置

（3）标注 AB 竖直线（此处 φ 可暂不标注出来）。

启动标注命令	//按<Enter>键重复上一次命令
指定尺寸界线原点	//按<Enter>键
选择标注对象	//用方框形光标拾取选择最左边，移动光标，在适当位置放置

（4）标注 DE 竖直线（此处 φ 可暂不标注出来）。

启动标注命令	//按<Enter>键重复上一次命令
指定尺寸界线原点	//按<Enter>键
选择标注对象	//用方框形光标拾取选择最右边，移动光标，在适当位置放置

这个简单的标注就完成了，但标注并不完美，"φ"是怎么标注的？要标注"φ"，有两种方法：方法一，新建标注样式，是对基础样式的修改而得到的新样式。若要标注线性直线尺寸，只需要在"主单位"选项卡前方加上前缀%%c，则标注的尺寸就会在文字前面有一个"φ"。方法二，选中要添加"φ"的线性尺寸，单击右键，在主单位中找到标注前缀，输入%%c，则标注的尺寸就会在文字前面有一个"φ"。此种方法可以一次选取多个要添加"φ"的线性尺寸。

实例6-2 标注如图6-12所示的简单零件图

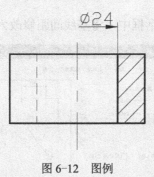

图6-12 图例

操作步骤：

新建标注样式，在"线"选项卡尺寸线隐藏中选中尺寸线 1，尺寸界线隐藏中选中隐藏尺寸界线1，确定，修改如图6-13所示。然后对图形标注即可。

图6-13 "修改标注样式"隐藏修改

实例 6-3　标注如图 6-14 所示图形

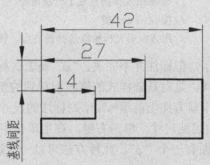

图 6-14　图例

操作步骤：

（1）在"修改标注样式"对话框中，将基线间距修改为 7.75，如图 6-15 所示。

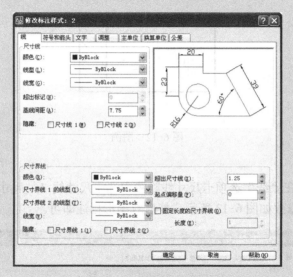

图 6-15　"修改标注样式"基线间距修改

（2）先对 14 进行线性标注，然后选择基线标注，选择 14 为基准标注，对其他尺寸进行标注即可。

6.3.2　半径与直径标注

1．半径标注

1）启动半径标注的命令

（1）单击【标注】工具条中的<半径标注>图标按钮。

（2）选择菜单【标注】→<半径>。

（3）在命令行输入"DRA"按<Enter>键确定。

2）半径标注操作

启动命令后，用光标拾取需要标注半径的圆弧或圆，然后在适当的位置单击，以确定尺

寸的位置。半径标注也有 3 个选项，意义与操作跟直径标注的选项相同。

2．直径标注

1）启动直径标注的命令

（1）单击【标注】工具条中的<直径标注>图标按钮。

（2）选择菜单【标注】→<直径>。

（3）在命令行输入"DDI"按<Enter>键确定。

2）直径标注操作

启动命令后，用光标拾取需要标注直径的圆周，命令行提示：指定尺寸线位置或[多行文字（M）/文字（T）/角度（A）]。

（1）光标在适当的位置单击，以确定尺寸的位置。

（2）输入"M"按<Enter>键确定，弹出多行文字对话框，可以根据需要在标注文字上输入多行文字，标注文字的默认值为当前的直径值，在文字对话框中显示为"◇"，用户可以删除这个默认值的符号，输入自定义的值或其他文本。不过，除非特殊情况，否则不建议这样做，因为自定义的文字不会随着尺寸线的拉伸或比例缩放而跟着放大、缩小，不能自动地显示出尺寸的真实值。

（3）输入"T"按<Enter>键确定，也可以编辑标注文字，用法与输入"M"相似。

（4）输入"A"按<Enter>键确定，指定标注文字书写的角度。

实例 6-4　圆的标注

（1）半径标注，如图 6-16 所示。

启动命令	//选择菜单【标注】→<半径>
选择对象	//光标选择拾取圆周
指定尺寸线位置	//移动光标在适当位置单击鼠标左键，确定尺寸线位置

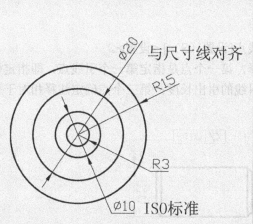

图 6-16　圆的标注

（2）直径标注，如图 6-16 所示。

启动命令	//输入"DDI"按<Enter>键确定
选择对象	//光标选择拾取圆周
指定尺寸线位置	//移动光标在适当位置单击鼠标左键，确定尺寸线位置

6.3.3　角度标注

1．启动角度标注的命令

（1）单击【标注】→<角度标注>图标按钮。

（2）选择菜单【标注】→<角度>。

（3）在命令行输入"DAN"按<Enter>键确定。

2．角度标注操作

启动角度标注命令后，命令行提示：选择圆弧、圆、直线或<指定顶点>。

（1）对于圆弧对象，可直接拾取圆弧，然后在适当位置确定尺寸的位置。

（2）对于两条边的角度，可以直接先后拾取两条边，在适当位置确定尺寸位置。

（3）对于圆对象，先拾取圆周，再指定圆周上另一点，标注的角度为拾取圆周上的一点与另一点之间的角度。

（4）按<Enter>键，先拾取角度顶点，再分别拾取两条边的另一顶点，或在两条边上各拾取一点。

!注：角度标注拾取圆时，若两次拾取同一点，则角度值为 0。

6.3.4　引线标注

引线标注可用于标注倒直角、形位公差等。

1．启动引线标注的命令

（1）选择菜单【标注】→<引线>。

（2）在命令行输入"LE"按<Enter>键确定。

2．引线标注操作

启动命令后，命令行指示：指定第一个引线点[设置（S）] <设置>。

（1）指定 3 个点（最少两个点）并输入注释，第一个点是指定第一个引线点，即指定引线起点、引线箭头的端点所在；第二个点确定引线的引出长度；第三个点确定注释相对于引线的位置，如图 6-17 所示。

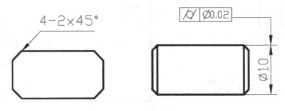

图 6-17　引线标注

（2）单击【格式】→<多重引线样式>，可以对多重引线进行修改和新建。有"引线格式"、

"引线结构"和"内容"3 个方面的设置，如图 6-18 所示。

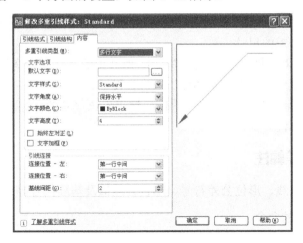

图 6-18　"修改多重引线样式"设置对话框

　　引线：用于设置引线类型，直线或者样条线，一般均为直线。

　　点数：设置引线的点数，最少为两个。

　　箭头：设置引线箭头的样式，从下拉列表框中选择。

　　设置完毕后单击"确定"按钮，返回绘图窗口，接着按前文操作所述进行标注。

6.4　尺寸公差与形位公差标注

6.4.1　尺寸公差标注

　　尺寸公差的标注有不同的方法，建议大家最好用"特性"对话框进行标注，如图 6-19 所示，特殊情况下可以采用手动标注的方式。

实例 6-5　尺寸公差的标注

按图 6-20 所示进行尺寸公差的标注。

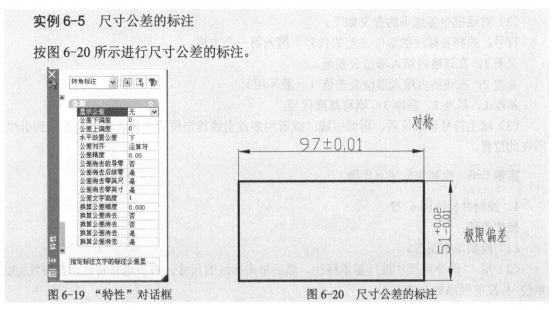

图 6-19　"特性"对话框　　　　　　图 6-20　尺寸公差的标注

操作步骤：

（1）作图时按 1 : 1 尺寸操作，先进行基本尺寸的自动标注，注意不能采用手动标注。

（2）选中要标注公差的尺寸。

（3）打开"特性"对话框，选中"公差"项，对其中的"显示公差"、"公差下偏差"、"公差上偏差"、"公差精度"、"公差文字高度"等进行设置。

（4）观察公差的标注符合要求后，按<Esc>键退出该尺寸的标注，再选中下一个需要标注公差的尺寸，进行标注。

6.4.2　形位公差标注

形位公差一般由引线、形位公差符号、形位公差值及基准代号等组成。

1. 启动形位公差的命令

（1）菜单输入【标注】→<公差>。

（2）单击"标注"工具栏中的图标 。

2. 操作指导

（1）输入形位公差标注命令，调出"形位公差"对话框，如图 6-21 所示。

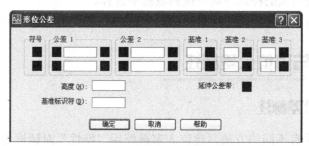

图 6-21　"形位公差"对话框

（2）对话框中各选项的含义如下。

符号：选择要标注的形位公差的代号，填入第一个方格。

公差 1：在该格内填入形位公差值。

公差 2：在该格内填入形位公差值（一般不用）。

基准 1、基准 2、基准 3：填写基准代号。

（3）填上符号和数值后，再画引线；或者用多重引线确定位置，再将形位公差移到引线所在的位置。

> **实例 6-6**　绘制并标注千斤顶

1. 绘制并标注图 6-22

操作步骤：

（1）绘制基本图形。

（2）用 命令对尺寸进行基本标注，然后单击标注的尺寸，右击选择特性，在特性<主单位>标注前缀添加 ϕ（%%c）。

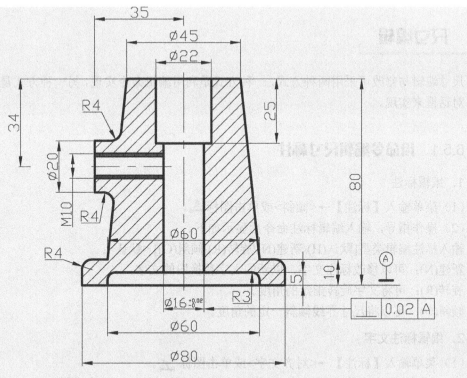

图 6-22 公差标注练习

（3）使用 ⟲ 对半径进行标注。

（4）使用 ⊞ 标注形位公差。

（5）用第（2）步的方法，使用特性<公差>-显示公差，选择极限偏差，输入偏差值。

2．绘制并标注图 6-23

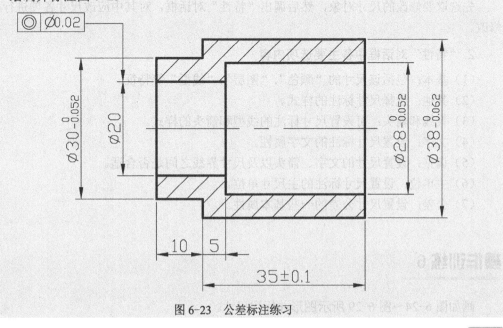

图 6-23 公差标注练习

6.5 尺寸编辑

尺寸编辑与修改可采用两种方式，一种方式是利用编辑命令实现，另一种方式是利用"特性"对话框来实现。

6.5.1 用命令编辑尺寸标注

1. 编辑标注

（1）菜单输入【标注】→<倾斜>或单击图标。

（2）操作指导，输入编辑标注命令后显示如下。

输入标注编辑类型[默认(H)/新建(N)/旋转(R)/倾斜(O)] <默认>：

新建(N)：可以修改标注文字，以新的文字替换旧的文字。

旋转(R)：可将文字旋转指定的角度。

倾斜(O)：可以将尺寸界线倾斜一定的角度。

2. 编辑标注文字

（1）菜单输入【标注】→<对齐文字>或单击图标。

（2）利用编辑命令修改标注时，也可以在选中尺寸对象后，单击右键调出命令项。

6.5.2 利用"特性"对话框编辑尺寸标注

1. 操作指导

先选取要修改的尺寸对象，然后调出"特性"对话框，对其中应改尺寸各项进行相应的修改。

2. "特性"对话框中各主要选项内容

（1）基本：包括该尺寸的"颜色"、"图层"、"线型"等特征。

（2）其他：选择尺寸标注的样式。

（3）直线和箭头：可设置尺寸标注的线型和箭头的样式。

（4）文字：设置尺寸标注的文字属性。

（5）调整：设置尺寸的文字、箭头以及尺寸界线之间是否合适。

（6）主单位：设置尺寸标注的主尺寸单位。

（7）公差：设置尺寸公差的一些基本属性。

操作训练6

画如图 6-24～图 6-29 所示图形并标注尺寸。

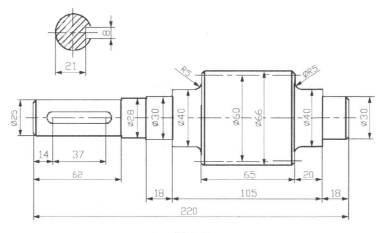

图 6-24

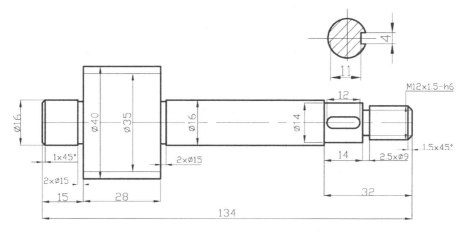

图 6-25

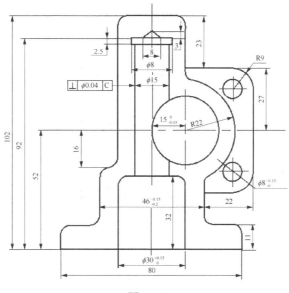

图 6-26

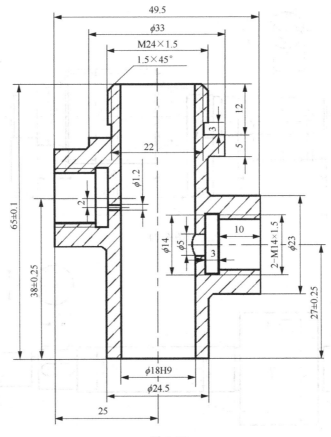

图 6-27

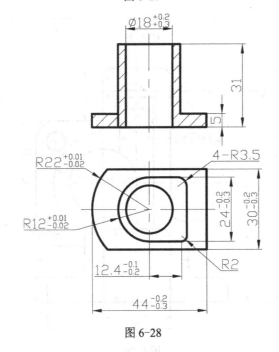

图 6-28

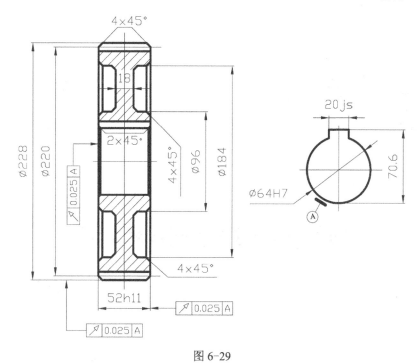

图 6-29

任务 **7**

图块与外部参照

内容提要：通过粗糙度和基准符号的块绘制，掌握 AutoCAD 内部块、外部块的创建与插入方法。

任务导入

表面粗糙度和形位公差基准在制图过程中经常重复性地使用，如果每次使用都要重新绘制，就会非常占用绘图时间，而且毫无意义。为了解决这个问题，AutoCAD 为制图人员提供了一种非常高效的解决绘制重复性图形的方法，这就是"图块"。图块就是将原来若干相互独立的实体形成一个统一的整体。使用时，图块将作为一个整体插入到图样的适当位置，而且插入时可根据需要进行放大、缩小和旋转。插入后还可以修改。块的应用极大地提高了绘图速度，而又不会显著增加图纸文件的大小。

知识探究

7.1 图块的操作

块，也称图块，是 AutoCAD 图形设计中的一个重要概念。在绘制图形时，如果图形中有大量相同或相似的内容，可以把要重复绘制的图形创建成块，在需要时直接插入；也可以将已有的图形文件直接插入到当前图形中，从而提高绘图效率。此外，还可以根据需要为块创建属性，或者创建为动态块。

7.1.1 块的创建

1. 创建内部图块命令

（1）创建内部图块命令为 Block(B)。

（2）菜单输入【绘图】→<块>→<创建>。

（3）单击"绘图"工具栏中的图标 🔩。

2. 操作指导

首先要创建定义成块的图形，然后才能创建块。输入创建块的命令，便打开"块定义"对话框，如图 7-1 所示。

图 7-1 "块定义"对话框

3. 创建块操作步骤

（1）在"名称"文本框中定义创建块的名称。

（2）单击"选择对象"按钮，在屏幕上选取要创建块的对象，确认，便可以在预览图标栏中显示创建块的图形。

（3）在"基点"栏中，单击"拾取点"按钮在屏幕上拾取图形上的基准点，作为插入块的基点。

如将一个三角形定义为块，名称为 k1，则"块定义"对话框的设置如图 7-2 所示。

图 7-2 三角形"块定义"对话框

!注：用 Block 命令创建的块，只能插入在当前文件中，如果要创建可以插入到不同文件中的图块，就需要用 WBlock "写块"命令，创建块文件。

7.1.2 图块文件的创建

当用户将其他图形文件以块的形式插入当前图样时，被插入的图形就成为当前图样的一部分。这样的图形文件称为图块文件。要创建图块文件就要用到写块的命令。

1. 创建块文件命令

创建块文件命令为 WBlock（W）。

2. 操作指导

与创建内部图块的操作方法相似，输入创建块文件的命令 W，便打开了"写块"对话框，如图 7-3 所示。

图 7-3 "写块"对话框

3. 创建写块文件的操作步骤

（1）单击"选择对象"按钮，在屏幕上选取要创建的块对象，确认。

（2）在"基点"栏中，单击"拾取点"按钮，在屏幕上拾取图形上的基准点，确定插入块的基点。

（3）在"文件名和路径"文本框中定义创建块文件的文件名及其所在的路径，通过单击右侧的"浏览"按钮，为块文件选择适当的位置进行保护。

（4）单击"确定"按钮，便完成了块文件的创建，如图 7-3 所示。

!注：用"写块"命令创建的块文件可以在任何地方进行块插入操作。

7.1.3　创建带属性的块

1．定义块的属性

（1）输入菜单【绘图】→<块>→<定义属性>。

（2）操作指导。在定义块的属性之前，首先将要定义成块的图形画出来，然后再定义该块的属性。输入定义块属性的命令，便可以打开"属性定义"对话框，如图7-4所示。

图 7-4　"属性定义"对话框

2．定义块属性的步骤

（1）在"标记"文本框中输入块的属性标记。

（2）在"提示"文本框中输入操作提示。

（3）在"值"文本框中可以输入默认的属性值。

（4）确定文字的"对正"、"文字样式"等选项。

（5）单击"确定"按钮，在屏幕上拾取一点，作为块属性的插入点，便完成属性的定义。

3．创建带属性的块

创建带属性的块与前面创建块的方法相同，只要将图形及其属性作为对象，一起创建成块即可。

7.2　块的插入

1．块插入命令

（1）输入菜单【插入】→<块>。

（2）单击"绘图"工具栏中的"插入块"的图标按钮 。

2．操作指导

（1）启动命令后打开"插入"对话框，如图7-5所示。

（2）在"名称"下拉框中选择或单击"浏览"按钮，确定要插入的块名或文件名。

（3）确定插入块的缩放比例及块的旋转角度。

（4）指定块的插入点，将块插入到图形中。

图 7-5 "插入"对话框

7.3 块的属性修改

1. 修改块的命令

菜单输入【修改】→<属性>→<单个>；或双击图块图形。

2. 操作指导

输入修改块的命令，然后选择要修改的块，便可打开"增加属性编辑器"对话框，对其中的各项进行必要的修改即可，如图 7-6 所示。

图 7-6 "增强属性编辑器"对话框

实例 7-1 绘制加工表面粗糙度符号

加工表面粗糙度符号块文件的创建如下。

操作步骤：

（1）绘制加工表面粗糙度符号图形。

按国家标准，A2～A4 图纸的字高为 3.5 mm。可选择 5 号字（字高为 3.9 mm），图中 H=1.4h=5.5 mm，其中 h 为字高值，绘制加工表面粗糙度符号如图 7-7 所示。

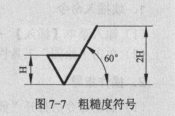

图 7-7 粗糙度符号

（2）定义块属性。

① "属性定义" 对话框的设置如图 7-8 所示。

② "属性定义" 对话框设置完成后单击 "确定" 按钮，指定属性的插入点如图 7-9 所示。

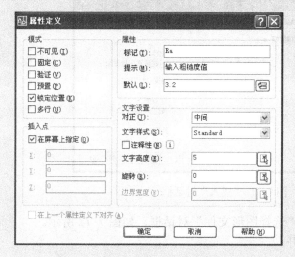

图 7-8 "属性定义" 对话框的设置 　　　图 7-9 带属性标记粗糙度符号

（3）创建带属性的块文件。

① 输入 "W" 命令后回车。打开 "写块" 对话框，如图 7-10 所示。

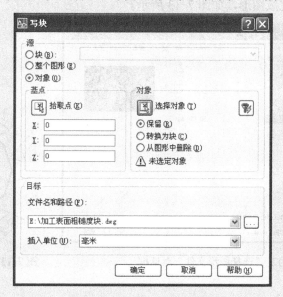

图 7-10 "写块" 对话框

② 单击 "选择对象" 按钮，选择粗糙度符号及其属性为创建对象。

③ 单击 "拾取点" 按钮，拾取符号的顶点为插入点。

④ 输入文件名称和路径。

⑤ 单击 "确定" 按钮便完成了带属性的块文件的创建。

（4）粗糙度符号的插入。

① 输入"插入"块的命令，打开"插入"对话框，如图 7-11 所示。

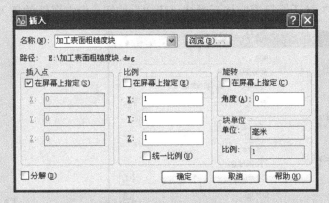

图 7-11 "插入"对话框

② 单击"浏览"按钮，打开"选择图形文件"对话框，如图 7-12 所示。

③ 选择"粗糙度"块文件打开。

④ 对"插入"对话框的"比例"、"选择"角度进行设置后，单击"确定"按钮。

⑤ 在屏幕上指定块的插入点，便可以插入块。如图 7-13 所示，将粗糙度符号插入到图示的十边形上。

修改块属性后便完成图形，如图 7-13 所示。

图 7-12 "选择图形文件"对话框

图 7-13 粗糙度符号插入

操作训练 7

1. 制作非加工表面粗糙度符号，如图 7-14 所示，并定义成写块文件。

2. 制作基准符号，如图 7-15 所示，定义成带有属性的写块文件，并将其插入到图 7-16 所示图形中。

3. 按 A4 图幅制作标题栏，如图 7-17 所示，并将标题栏内容作为属性填写。

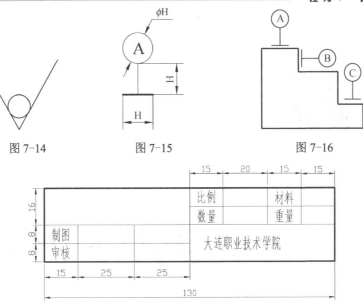

图 7-14　　　　　图 7-15　　　　　图 7-16

图 7-17

4．绘制标注法兰盘，如图 7-18 所示。

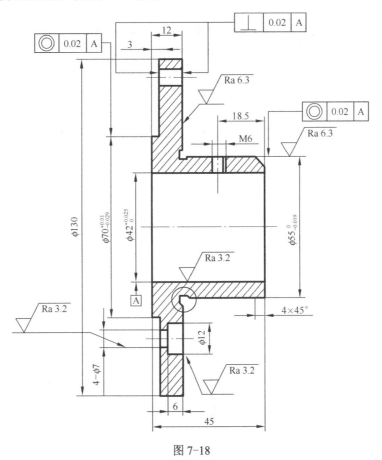

图 7-18

任务 8

图纸的布局与图形文件的输出

内容提要：通过 A4 图框与标题栏的绘制，掌握 AutoCAD 图纸的布局要求、图形的输出类型，以及模板文件的创建与调用。

任务导入

通过绘制如图 8-1 所示的 A4 图框和标题栏，强化对已学命令的掌握，同时掌握图形的布局。

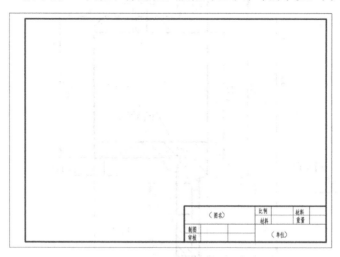

图 8-1　A4 图框和标题栏

知识探究

绘图布局与图形输出是运用 AutoCAD 辅助设计与制图时，进行图纸打印与管理的重要内容之一。布局是指运用软件将所画的工程图纸进行科学布置，图形输出是通过打印机将图纸打印出来。

模型空间是 AutoCAD 建模的空间，图纸空间是图形输出时排版的空间，即布局。在绘图窗口下方，有"模型"和"布局"选项卡 模型 布局1 布局2 ，模型空间与图纸空间可以通过选项卡进行切换。一个模型可以有几个不同的布局，默认有两个布局，单击任意一个布局选项卡均可进入布局图纸空间。图纸空间默认的背景颜色好像一张白纸，虚线框以内的部分为可以打印范围，打印范围内部的细线框称为视口，是工程图形能够显示的范围工程图，不能超出这个范围。

8.1 模板文件与图框

一幅完整的工程图纸除了表达轮廓部分线条及尺寸外，还需要有图纸边框、标题栏、BOM明细表，以及其他相关的一些表格信息。所谓的模板就是一些工程图的图框，AutoCAD 自带了许多模板，用户根据一定的标准（如我国的国标、国际 ISO 标准等），从自带的模板选用工程图的图框，或者自己制作一些图框文件。

1. 引用模板文件

将光标置于"模型"或"布局"任意选项卡上单击鼠标右键，选择"来自样板"选项，弹出如图 8-2 所示对话框。

图 8-2 选择样板

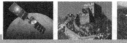

2．制作图框

1）图层的设置

用"图层特性管理器"设置新图层，图层设置要求如表 8-1 所示。

表 8-1　图层的设置

名　称	颜　色	线　型	线　宽
外框线	白色	Continuous（连续线）	0.15 mm
内框线	黄色	Continuous	0.35 mm
文字	洋红色	Continuous	0.15 mm

2）绘制外框线

单击"绘图"工具栏上的"矩形"按钮或单击菜单项"绘图"→"矩形"命令，按 AutoCAD 提示（矩形命令），图幅尺寸如表 8-2 所示。

表 8-2　图幅规格尺寸表

图　幅	尺　寸
A4	297 mm×210 mm
A3	420 mm×297 mm
A2	594 mm×420 mm
A1	841 mm×594 mm
A0	1 189 mm×841 mm
B5	182 mm×237 mm

3．绘制内框

（1）单击"修改"工具栏上的"偏移"按钮，左侧向内偏移 15 mm，其他边框向内偏移 5 mm。

（2）选中偏移后的矩形，单击"图层"工具栏中图层下拉列表的下三角按钮，选中"内框线"层，将偏移后的矩形转换成"内框线"层，按<Esc>键结束选择，完成内框的绘制。

4．绘制标题栏

（1）选择"内框线"图层，绘制标题栏外边框 130 mm×32 mm。

（2）选择"外边框线"图层，绘制标题栏表格。

5．添加文字

创建完表格后，打开"文字样式"工具栏，设置文字样式为"ST"或大字体，字体高度设置为 5.5。

8.2　图形输出

1．图层打印输出的控制

在"图层特性管理器"中，可对图层是否打印输出进行设置。正常情况下图层为打印输

出设置，若控制该图层为非打印输出，则单击打印图标后显示为 ，该图层将不输出。

2．打印预览

完成了布局的页面设置后，即可用打印预览功能查看打印的效果。

打印预览命令输入：

菜单输入命令【文件】→<打印预览>；或单击标准工具栏中的图标 📄 。

3．打印输出

打印输入命令【文件】→<打印>；或单击标准工具栏中的图标 🖨 ，调出"打印"对话框。

对绘图仪、图纸尺寸、打印份数等进行选择后，单击"打印"按钮即可打印。

实例 8-1　绘制 A4 的图框

操作步骤：

1．绘制标题栏、边框线及明细表

（1）定义绘图区。选 4 号图纸，绘图极限为（297,210）。

单击"标准"工具栏中的"新建"按钮，打开"创建新图形"对话框，选择"使用向导"选项，在绘图区域页面上设置长 297、宽 210。

（2）绘制边框线。利用 AutoCAD 设计中心，调用以前文件中设置好的图层、文本样式、标注样式等信息，绘制 A4 图纸的边框线。

（3）绘制标题栏及明细栏。插入标题栏文件；选择【插入】→<块>，在打开的"插入"对话框中单击"浏览"按钮，选择标题栏，将标题栏插入到图 8-1 中。

> ❗**注意**：标题栏、明细栏尺寸按国家制图标准绘制。插入标题栏前应设置插入点，方法如下：选择【绘图】→<块>→<基点>，系统提示"输入基点"后，选择标题栏右下角，保存图形文件。

（4）保存。保存上述文件，文件名为装配图.dwg。

2．绘制各零件的零件图

（1）制作装配图中各零件图。

（2）插入零件图。将各零件图用 Insert 命令插入装配图中，方法与插入块类似。零件的尺寸在装配图中只起参考作用，而无须保留，所以在插入之前可以将尺寸标注删除。另外，也可以将零件图创建成块插入。

（3）编辑修改。插入的零件图组合在一起，在视图及结构关系上不能完全符合装配图的要求，必须对图形做相应的修改。由于零件图插入后是以块的形式存在的，所以要将零件图进行分解，然后对局部结构进行修改或补画。

3．标注尺寸及零件的序号

标注尺寸时，只需标注部件或机器的规格尺寸、零件之间的装配尺寸、外形尺寸及其他重要尺寸等。

按制图标准规定编写零件序号，注明技术要求。

任务**9**

三维实体造型与编辑

内容提要：介绍三维图形的模型类型、三维曲面的绘制方法、绘图步骤及三维实体造型及三维编辑的方法。

任务导入

二维图形是机械等工程图样的主要表达形式，但二维图形缺乏立体感，直观性较差，只有经过专门训练的人才能看懂，且无法观察产品或建筑物的设计效果。而三维图形则能更直观地反映空间立体的形状，富有立体感，更易为人们所接受，是图形设计的发展方向。AutoCAD除具有强大的二维绘图功能外，还具备基本的三维造型能力。若物体并无复杂的外表曲面及多变的空间结构关系，则使用 AutoCAD 可以很方便地建立物体的三维模型。本章我们将介绍AutoCAD 三维绘图与编辑的基本知识，并以支撑架的实体模型为例，演示三维建模的过程。

知识探究

9.1 三维图形的基础

9.1.1 物体三维几何模型类型

三维实体是一种包含质量特性的对象，其图形通常用于工程中的结构设计。使用三维实体图可以很容易地建立起各种视角的投影视图、三维剖面图，并能观察零部件的外观及计算器质

量特性。三维物体的表达方式按描述方式的不同分为线框模型、表面模型和实体模型，如图 9-1 所示。这三种模型在计算机上的显示方式是相同的，即以线架结构显示出来，但用户可用特定命令使表面模型及实体模型的真实性表现出来。

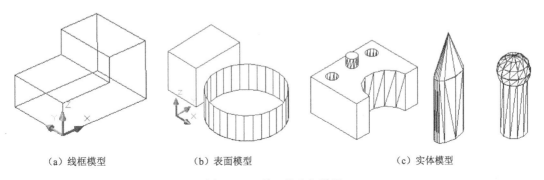

（a）线框模型　　　　　　　　（b）表面模型　　　　　　　　（c）实体模型

图 9-1　三种三维几何模型

1. 线框模型

线框模型是以物体的轮廓线架来表达立体形状的，它用线（3D 空间的直线及曲线）表达三维立体，不包含面及体的信息。该模型的结构简单，易于处理，可以方便地生成物体的三视图和透视图。但是由于构成线框模型的对象一般为二维对象，所以它不具有面和体的信息，因此不能进行消隐、着色和渲染处理，也不能得到对象的质量、重心、体积、惯性矩等物理特性，不能进行布尔运算。图 9-1（a）显示了立体的线框模型，在消隐模式下也看到后面的线。

2. 表面模型

表面模型是用物体的表面表示物体，具有面及三维立体边界信息，即由有序的棱边和内环构成面，又由多个面围成封闭的体。表面模型在计算机图形学中是一种重要的三维描述方式，如在飞机轮廓设计、地形模拟等三维造型中，大多使用的是表面模型。表面模型表面不透明，能遮挡光线，虽然没有实体的信息，但可以进行消隐、着色和渲染处理，但是不能进行布尔运算。对于计算机辅助加工，用户还可以根据零件的表面模型形成完整的加工信息。如图 9-1（b）所示是两个表面模型的消隐效果，前面的薄片圆筒遮住了后面长方体的一部分。

3. 实体模型

实体模型是三种模型中最高级的一种，除具有上述线框模型和表面模型的所有特性外，还具有"体"的信息，因而可以对三维实体进行各种工程运算，如质量、重力、惯性矩等。想要完整地表达三维物体的各类信息，必须使用实体模型。实体模型也可以用线框模型或表面模型方式显示。实体模型具有线、表面、体的全部信息。对于此类模型，可以区分对象的内部及外部，可以对它进行打孔、切槽和添加材料等布尔运算，对实体装配进行干涉检查，分析模型的质量特性，如质心、体积和惯性矩。对于计算机辅助加工，用户还可利用实体模型的数据生成数控加工代码，进行数控刀具轨迹仿真加工等，如图 9-1（c）所示是实体模型。

9.1.2　三维建模空间

创建三维模型时可切换至 AutoCAD 三维工作空间。单击工具栏上【工作空间】的下拉

列表，选择【三维建模】选项，就切换至该空间，如图 9-2 所示。

图 9-2　切换工作空间

三维建模空间如图 9-3 所示。

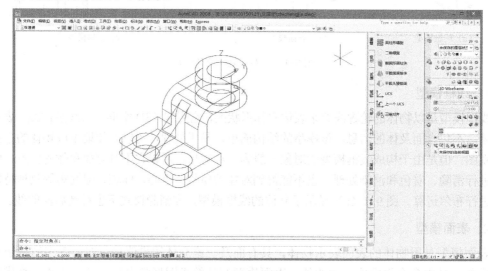

图 9-3　三维建模空间

默认情况下它包括【工具选项板】和【面板】两个选项板，分别如图 9-4、图 9-5 所示。

图 9-4　工具选项板　　　　　　　　　　图 9-5　面板

默认情况下，【面板】选项板包含【图层】、【三维制作】、【视觉样式】、【光源】、【材质】、【渲染】和【三维导航】七个选项卡。单击【面板】上的选项卡，【工具选项板】会相应地改变。单击【面板】上的图标🔖，选择【视觉样式】选项卡，则【工具选项板】显示为【工具选项板-视觉样式】，单击【勾画】按钮，则零件三维模型显示如图 9-6 所示。

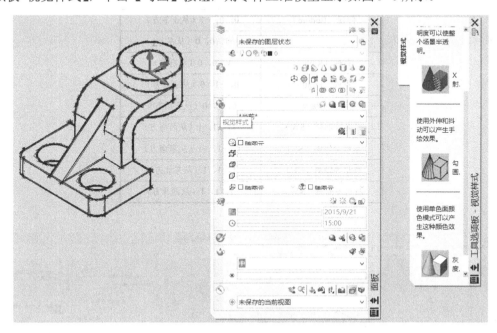

图 9-6　视觉样式-勾画效果图

9.1.3　三维模型的观察

AutoCAD 绘制二维图形时，所有操作是在 XOY 平面中进行的，绘图的视点不需要改变。但在绘制三维图形时，一个视点往往不能满足观察物体的要求，用户常常需要变换观察视点，以满足用户从不同方面观察三维实体各个部位的需要。AutoCAD 提供了多种观察模型的方法。

1．用标准视点观察三维模型

任何一个模型都可以从任意一个方向观察，具体方法如下。

在【面板】选项卡上的【三维导航】下拉列表中提供了 10 种标准视点，如图 9-7 所示。通过这些视点就能获得三维对象的 10 种视图，主要有主视图、后视图、左视图、右视图、俯视图、仰视图、西南等轴测图、东南等轴测图、东北等轴测图和西北等轴测图。

图 9-7　三维导航标准视图

各视图方式所对应的视点如表 9-1 所示。

选择【视觉样式】的【灰度视觉样式】，再选择【三维导航】的【东南等轴测】视图，如图 9-8 所示。

表 9-1　视图对应的视点

子菜单选项	对应的视点
俯视（Top）	0，0，1（从正上方）
仰视（Bottom）	0，0，-1（从正下方）
左视（Left）	-1，0，0（从左方）
右视（Right）	1，0，0（从右方）
主视（Front）	0，-1，0（从正前方）
后视（Back）	0，1，0（从正后方）
西南等轴测（SW）	-1，-1，1（从西南方）
东南等轴测（SE）	1，-1，-1（从东南方）
东北等轴测（NE）	1，1，1（从东北方）
西北等轴测（NW）	-1，1，1（从西北方）

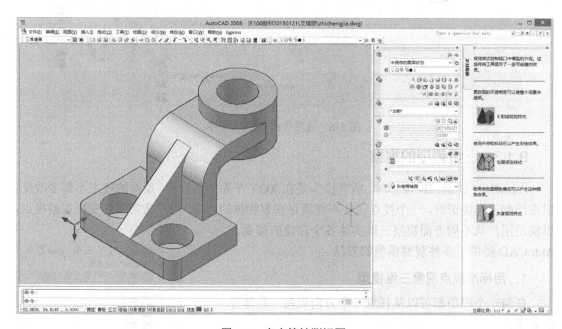

图 9-8　东南等轴测视图

也可以通过菜单【视图】→<三维视图>→选择级联菜单上的命令项，如图 9-9（a）所示。还可以通过工具栏输入，如图 9-9（b）所示。

2. 创建多个视口

在绘制三维实体时，可在一个视口中绘制，也可采用多个视口绘制。通过菜单【视图】→<视口>→"四个视口"的命令项创建四个视口，如图 9-10 所示。

图为三视图：主视图、俯视图、左视图，分别显示在三个视口中。

（a）"三维视图"菜单

（b）"视图"工具栏

图 9-9 "三维视图"菜单与"视图"工具栏

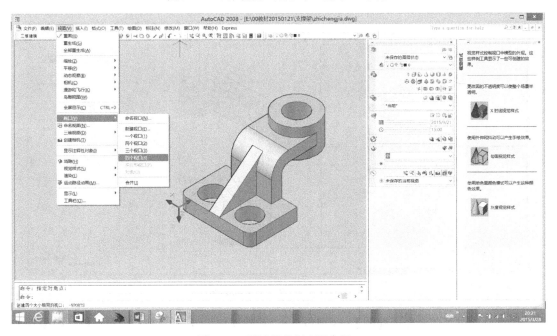

图 9-10 通过菜单创建四个视口

图 9-11 所示创建的四个视口分别为主视图、俯视图、左视图和东南等轴测图。无论哪一个视口中对实体进行操作（绘制或者编辑图形），其他视口中的图形都将随之改变。如此，观察三视图的效果，同时还可以查看实体的造型情况。

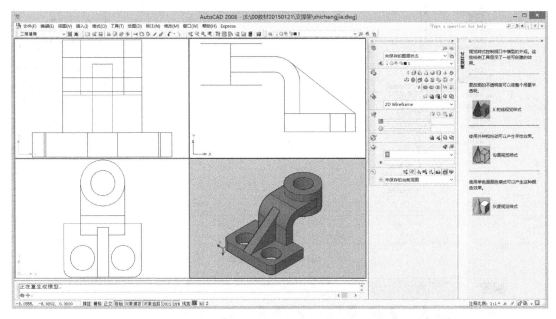

图 9-11 创建四个视口

图 9-12 所示创建的四个视口分别为西南等轴测图、东南等轴测图、东北等轴测图和西北等轴测图，排列方式为垂直排列。

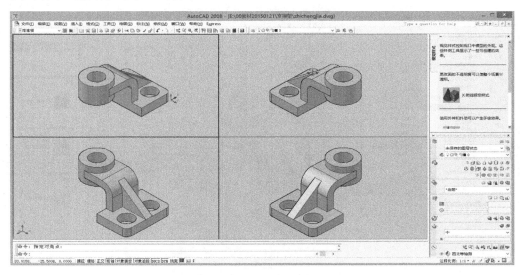

图 9-12 创建四个等轴测图

也可以通过菜单命令【视图】→<视口>→"新建视口"，打开"视口"对话框，如图 9-13 所示。

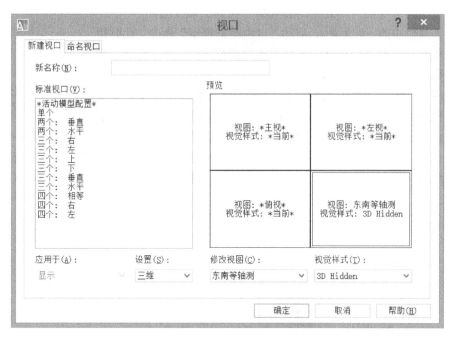

图 9-13 "视口"对话框

单击"设置"下拉按钮,选择"三维",单击右侧"预览"框中的第一个视图,在"修改视图"下拉按钮中选择"主视图",用同样的方法将其他三个视图分别改为"左视图"、"俯视图"和"东南等轴测",单击"确定"按钮,返回绘图区,此时绘图区被分为四个视口,绘图时单击其中一个视口即将其设置为当前视口。如图 9-14 所示,当前视口为东南等轴测视口。

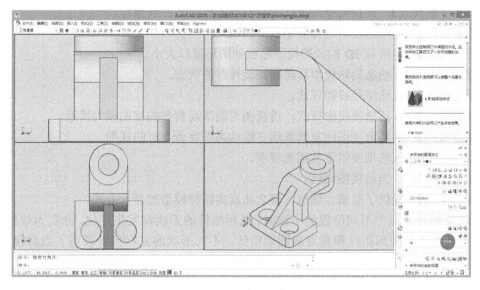

图 9-14 四个视口创建

3. 三维动态观察

调出"动态观察"工具栏,如图 9-15 所示。可以利用"动态观察"做"受约束的动态

观察"、"自由动态观察"、"连续动态观察"观察三维视图。

单击工具栏中的 ，启动"自由动态观察"命令。此时用户可通过单击并拖动鼠标指针的方法来改变观察方向，从而能够非常方便地获得不同方向的 3D 视图。

如图 9-16 所示，使用该命令后，用户可以选择观察全部对象或者三维模型中的部分对象，AutoCAD 将围绕待观察的对象形成一个

图 9-15 "动态视察"工具栏

辅助圆，该圆被四个小圆圈分成四等份：其中辅助圆的圆心是观察目标点，当用户按住鼠标左键并拖动时，将围绕待观察对象的观察目标点旋转 3D 模型。若对象没有完全显示在辅助圆内，可单击鼠标右键，在弹出的快捷菜单中选择【范围缩放】命令。此菜单中常用命令的功能如下。

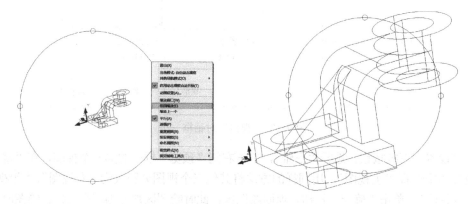

图 9-16 三维动态观察器

【其他导航模式】：切换到受约束动态观察或者连续动态观察等。

【缩放窗口】：用矩形窗口选择要缩放的区域。

【范围缩放】：将所有 3D 构成的视图缩放到图形窗口大小。

【缩放上一个】：动态旋转模型后再回到旋转前的状态。

【平行模式】：激活平行投影模式。

【透视模式】：激活透视投影模式，透视图与眼睛观察到的视图极为接近。

【重置模式】：将当前视图回复到激活三维动态观察命令时的视图。

【预设视图】：该选项提供了常用的视图。

【命名视图】：给当前视图命名。

【视觉样式】：提供了隐藏、线框、概念和真实四种模型的显示方式。

当将鼠标移至四个不同位置的小圆时，鼠标指针的形状将发生变化，分别为球形指针、圆形指针、水平椭圆形指针和垂直椭圆形指针，不同形状的鼠标指针表明了当前视图的旋转方向。

（1）球形指针：当鼠标指针位于辅助圆内时，就变为球形指针。此时单击并拖动鼠标指针，就使得球体沿着鼠标指针拖动的方向旋转，模型视图也随之旋转起来。

（2）圆形指针：当鼠标指针移动至辅助圆外时，其形状变为圆形指针。此时按住鼠标左键并将鼠标沿着辅助圆拖动，就使得 3D 视图旋转，且旋转轴垂直于屏幕并通过辅助圆圆心。

（3）水平椭圆形指针：当把鼠标指针移动至左、右两个小圆的位置时，其形状就变为水平椭圆。此时单击鼠标左键并拖动鼠标指针就使得视图绕着一个铅垂轴线转动，此旋转轴线也经过辅助圆圆心。

（4）垂直椭圆形指针：当把鼠标指针移动至上、下两个小圆的位置时，其形状就变为垂直椭圆。此时单击鼠标左键并拖动鼠标指针就使得视图绕着一个水平轴线转动，此旋转轴线也经过辅助圆圆心。

9.1.4　视觉样式

视觉样式用于改变模型在视口中的外观显示，它是一组用于控制模型显示方式的设置，这些设置包括面设置、环境设置、边设置等。其中面设置控制视口中面的外观，环境设置控制视口中的阴影和背景，边设置控制如何显示边。当选择一种视觉样式时，AutoCAD将在视口中按选定样式规定的方式显示模型。

图 9-17　"视觉样式"工具栏

视觉样式工具栏如图 9-17 所示。

【面板】选项板"视觉样式"选项卡如图 9-18 所示。视觉样式设置与效果如图 9-19 所示。

图 9-18　【面板】选项板"视觉样式"选项卡

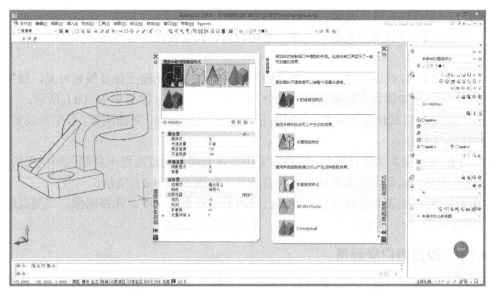

图 9-19　视觉样式设置与效果图

AutoCAD 提供了多种视觉样式，用户可在【视觉样式管理器】的"视觉样式"下拉列表中选择，或者可以在【视图】面板的【视觉样式】工具选项板中进行选择。而且用户可根据需要在【视觉样式管理器】的【图形中的可用视觉样式】和【视觉样式工具选项板】中进行样式的添加、删除或者创建新的视觉样式。如图 9-20 所示为将图形中的可用视觉样式添加到视觉样式工具选项板。

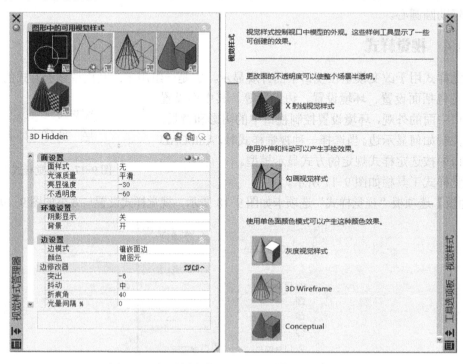

图 9-20　视觉样式管理器和视觉样式工具选项板

常用的视觉样式有以下几种：

【二维线框】：以线框形式显示对象，光栅图像、线型及线宽皆可见，如图 9-21（a）所示。

【三维隐藏】：以线框形式显示对象并隐藏不可见线条，光栅图像及线宽可见，线型不可见，暂时隐藏位于实体背后且被遮挡的部分，可采用该命令，如图 9-21（b）所示。

【三维线框】：以线框显示对象，同时显示着色的 UCS 图标，光栅图像、线型及线宽可见，如图 9-21（c）所示。

【概念】：对模型表面进行着色，着色时采用冷色到暖色的过渡而不是深色到浅色的过渡。效果缺乏真实感，但是可以清楚地显示模型细节，如图 9-21（d）所示。

【真实】：对模型表面进行着色，显示已经附着于对象的材质。光栅图像、线型及线宽皆可见，如图 9-21（e）所示。

9.1.5　设置用户坐标系

在进行三维建模之前，必须要学会三维坐标系的设置方法。AutoCAD 的坐标系统是三维笛卡儿直角坐标系，分为世界坐标系（WCS）和用户坐标系（UCS）。图 9-22 所示的是两种

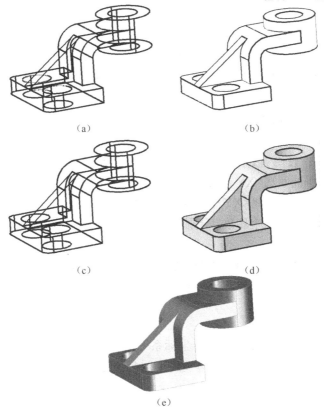

图 9-21　常用视觉样式

坐标系下的图标。图中"X"或"Y"的箭头方向表示当前坐标轴 X 轴或 Y 轴的正方向，Z轴正方向用右手定则判定。

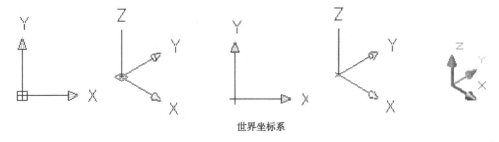

图 9-22　表示坐标系的图标

　　默认状态时，AutoCAD 的坐标系是世界坐标系。世界坐标系是唯一的、固定不变的。对于二维绘图，在大多数情况下，世界坐标系就能满足作图需要。在进行平面绘图时，都是在XY 平面内进行的，这时 XY 平面平行于屏幕，Z 轴垂直于屏幕。这三个坐标轴可以利用 UCS命令灵活地进行设置，如利用 UCS 命令将我们在平面绘制空间较为熟悉的坐标平面（X 轴平行于屏幕底边，Y 轴垂直于屏幕底边）沿着 X 轴旋转 90°，则此时 Z 轴将垂直于屏幕的底边，而 Y 轴将垂直于屏幕，XZ 平面将平行于屏幕。若是创建三维模型，UCS 坐标系就不太方便了，因为用户常常要在不同平面或是沿某个方向绘制结构。因此掌握坐标系的设置非常重要。

绘制三维图形时定位某点的三种坐标形式如下。

（1）直角坐标系（X，Y，Z）形式：包括直角坐标和极坐标（其中又分为绝对坐标和相对坐标），这种坐标形式在前几章都介绍过了，只是 Z 轴采用的是系统默认的 0。采用直角坐标确定空间的一点位置时，需要用户指定该点的三个坐标值。

绝对坐标值的输入形式是：X，Y，Z。

相对坐标值的输入形式是：@X，Y，Z。

（2）圆柱坐标系：使用 XY 平面的角和沿着 Z 轴的距离来表示，其格式为：

绝对坐标：XY 平面距离<XY 平面角度，Z 坐标。

相对坐标：@XY 平面距离<XY 平面角度，Z 坐标。

（3）球坐标：球坐标有三个参数，分别为点到原点的距离、在 XY 平面上得到角度和 XY 平面的夹角，其格式为：

绝对坐标格式：XYZ 距离< XY 平面角度< XY 平面的夹角。

相对坐标格式：@XYZ 距离< XY 平面角度< XY 平面的夹角。

实例 9-1　绘制长方体图形

绘制如图 9-23 所示的图形，在世界坐标系下是不能完成的。此时需要以绘图的平面为 XY 坐标平面，创建新的坐标系，然后再调用绘图命令绘制图形。

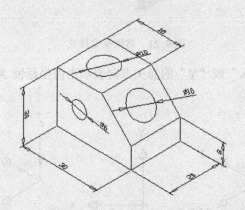

图 9-23　在用户坐标系下绘图

操作步骤：

1）绘制正长方体

调用长方体命令：

实体工具栏：🔲
下拉菜单：[绘图]→[实体]→[长方体]
命令窗口：BOX ✓

AutoCAD 提示：

指定长方体的角点或 [中心点(CE)] <0,0,0>:**在屏幕上任意点单击**

指定角点或 [立方体(C)/长度(L)]:**L** ✓　　　　　//选择给定长宽高模式

指定长度：**30**✓

指定宽度：**20**✓

指定高度：**20**✓

绘制出长 30、宽 20、高 20 的长方体，如图 9-24 所示。

2）倒角

用于二维图形的倒角、圆角编辑命令在三维图中仍然可用。单击"编辑"工具栏上的倒角按钮，调用倒角命令：

命令：_chamfer

（"修剪"模式）当前倒角距离 1 = 0.0000，距离 2 = 0.0000

选择第一条直线或 [多段线(P)/距离(D)/角度(A)/修剪(T)/方式(M)/多个(U)]：**在 AB 直线上单击**

基面选择...

输入曲面选择选项 [下一个(N)/当前(OK)] <当前>：✓   //选择默认值

指定基面的倒角距离：**12**✓

指定其他曲面的倒角距离 <12.0000>：✓   //选择默认值 12

选择边或 [环(L)]：**在 AB 直线上单击**

结果如图 9-25 所示。

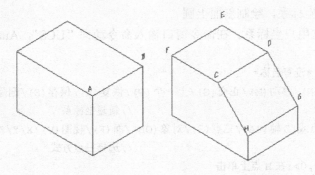

图 9-24 绘制长方体   图 9-25 长方体倒角

3）移动坐标系，绘制上表面圆

因为 AutoCAD 只可以在 XY 平面上画图，要绘制上表面上的图形，则需要建立用户坐标系。由于世界坐标系的 XY 面与 CDEF 面平行，且 X 轴、Y 轴又分别与四边形 CDEF 的边平行，因此只要把世界坐标系移到 CDEF 面上即可。移动坐标系，只改变坐标原点的位置，不改变 X、Y 轴的方向，如图 9-26 所示。

（1）移动坐标系。在命令窗口输入命令动词"UCS"，AutoCAD 提示：

命令：ucs

当前 UCS 名称：*世界*

输入选项

[新建(N)/移动(M)/正交(G)/上一个(P)/恢复(R)/保存(S)/删除(D)/应用(A)/?/世界(W)] <世界>：**M** ✓   //选择移动选项

指定新原点或 [Z 向深度(Z)] <0,0,0>：<对象捕捉 开>**选择 F 点单击**

也可直接调用"移动坐标系"命令：

UCS 工具栏：	⌐
下拉菜单：	[工具][移动 UCS (V)]

（2）绘制表面圆。打开"对象追踪"、"对象捕捉"，调用圆命令，捕捉上表面的中心点，以 5 为半径绘制上表面的圆。结果如图 9-27 所示。

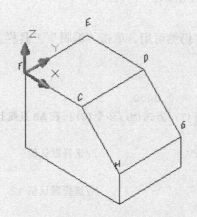

图 9-26　改变坐标系

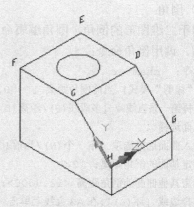

图 9-27　绘制上表面圆

4）三点法建立坐标系，绘制斜面上圆

（1）三点法建立用户坐标系。在命令窗口输入命令动词"UCS"，AutoCAD 提示：

命令：ucs

当前 UCS 名称：*没有名称*

输入选项 [新建(N)/移动(M)/正交(G)/上一个(P)/恢复(R)/保存(S)/删除(D)/应用(A)/?/世界(W)] <世界>：**N** ✓　　　　　　　　　　//新建坐标系

指定新 UCS 的原点或[Z 轴(ZA)/三点(3)/对象(OB)/面(F)/视图(V)/X/Y/Z] <0,0,0>：**3**✓
　　　　　　　　　　　　　　　//选择三点方式

指定新原点 <0,0,0>：**在 H 点上单击**

在正 X 轴范围上指定点 <50.9844,-27.3562,12.7279>：**在 G 点单击**

在 UCS XY 平面的正 Y 轴范围上指定点 <49.9844,-26.3562,12.7279>：**在 C 点单击**

也可用下面两种方法直接调用"三点法"建立用户坐标系。

UCS 工具栏：

下拉菜单：[工具]→[新建 UCS（W）]→[三点（3）]

（2）绘制圆。方法同第 3 步，结果如图 9-28 所示。

5）以所选实体表面建立 UCS，在侧面上画圆

（1）选择实体表面建立 UCS。在命令窗口输入 UCS，调用用户坐标系命令。

命令：ucs

当前 UCS 名称：*世界*

输入选项 [新建(N)/移动(M)/正交(G)/上一个(P)/恢复(R)/保存(S)/删除(D)/应用(A)/?/世界(W)] <世界>：**N** ✓

指定 UCS 的原点或[Z 轴(ZA)/三点(3)/对象(OB)/面(F)/视图(V)/X/Y/Z]<0,0,0>：**F** ✓

选择实体对象的面：**在侧面上接近底边处拾取实体表面**

输入选项 [下一个(N)/X 轴反向(X)/Y 轴反向(Y)] <接受>：✓　　　　//接受图示结果

（2）绘制圆。方法同上步，完成图 9-23 所示图形。

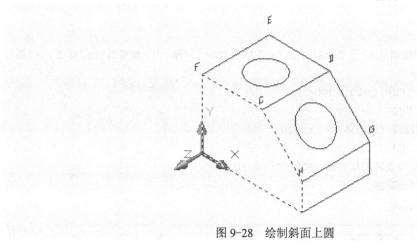

图 9-28 绘制斜面上圆

9.2 三维曲面绘制

曲面的绘制有长方形、楔体、锥体、球体等基本三维曲面，也可以绘制"旋转"曲面、"直纹"曲面、"边界"曲面等复杂三维曲面，其中"边界曲面"功能可以绘制 AutoCAD 中的三维实体造型功能无法完成的复杂实体的曲面。绘制三维曲面的菜单与工具栏如图 9-29 所示。

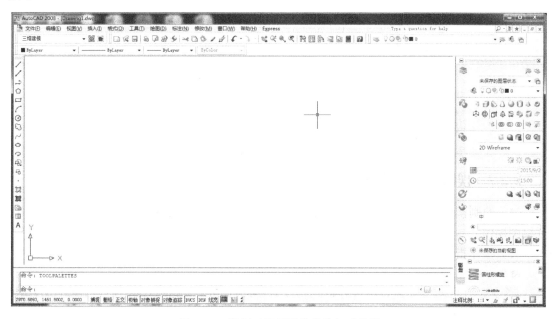

图 9-29 绘制三维曲面的菜单与工具栏

9.2.1 长方体表面的绘制

（1）绘制长方体表面的命令为 ai_box；或在命令栏中输入 3D，选择长方体表面（B）进行绘图操作。

（2）操作指导：

```
命令：3d
    [长方体表面(B)/圆锥面(C)/下半球面(DI)/上半球面(DO)/网格(M)/棱锥面(P)/球面(S)/圆环面(T)/楔体表面(W)]：b
    指定角点给长方体：1000,1000,1000
    指定长度给长方体：500
    指定长方体表面的宽度或 [立方体(C)]：300
    指定高度给长方体：200
    指定长方体表面绕 Z 轴旋转的角度或 [参照(R)]：90
    【动态观察】—自由动态观察
```

结果如图 9-30 所示。

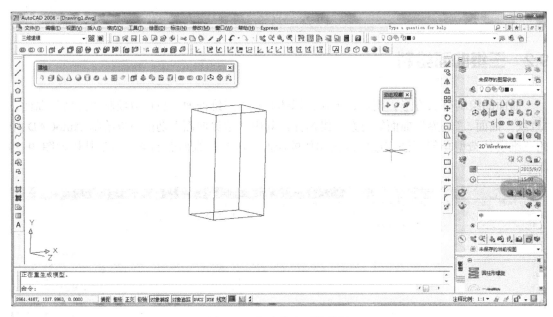

图 9-30　长方体表面的绘制

9.2.2　楔体表面的绘制

（1）绘制楔体表面的命令为 ai_wedge；或在命令栏中输入 3D，选择楔体表面（W）进行绘图操作。

（2）操作指导：

```
命令：3d
    [长方体表面(B)/圆锥面(C)/下半球面(DI)/上半球面(DO)/网格(M)/棱锥面(P)/球面(S)/圆环面(T)/楔体表面(W)]：w
    指定角点给楔体表面：1000,1000,1000
    指定长度给楔体表面：500
    指定楔体表面的宽度：300
    指定高度给楔体表面：400
    指定楔体表面绕 Z 轴旋转的角度：90
```

【动态观察】—自由动态观察

结果如图9-31所示。

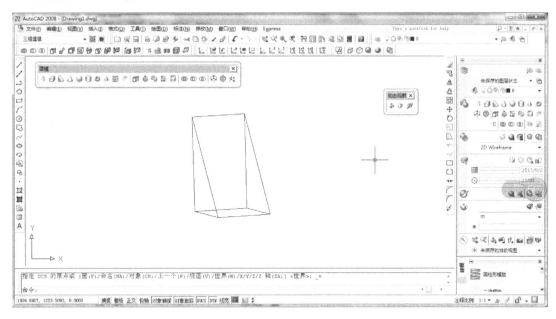

图9-31　楔体表面的绘制

9.2.3　棱锥（台）表面的绘制

（1）绘制棱锥体表面的命令为ai_pyramid；或在命令栏中输入3D，选择棱锥面（P）进行绘图操作。

（2）操作指导：

绘制三棱锥。

命令：3d

[长方体表面(B)/圆锥面(C)/下半球面(DI)/上半球面(DO)/网格(M)/棱锥面(P)/球面(S)/圆环面(T)/楔体表面(W)]：p

　指定棱锥面底面的第一角点：1000,1000,1000

　指定棱锥面底面的第二角点：2000,1000,1000

　指定棱锥面底面的第三角点：1500,1500,1000

　指定棱锥面底面的第四角点或 [四面体(T)]：t

　指定四面体表面的顶点或 [顶面(T)]：2500

结果如图9-32所示。

绘制三棱台表面。

命令：3d

[长方体表面(B)/圆锥面(C)/下半球面(DI)/上半球面(DO)/网格(M)/棱锥面(P)/球面(S)/圆环面(T)/楔体表面(W)]：p

　指定棱锥面底面的第一角点：1000,1000,1000

　指定棱锥面底面的第二角点：@3000,1000,1000

　指定棱锥面底面的第三角点：@2000,1700,1000

AutoCAD 工程绘图项目化教程

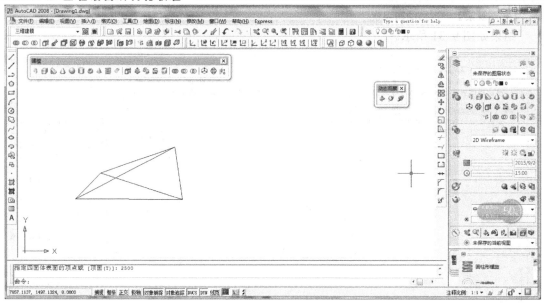

图 9-32　棱锥（台）表面的绘制

指定棱锥面底面的第四角点或 [四面体(T)]：t

指定四面体表面的顶点或 [顶面(T)]：t

指定顶面的第一角点给四面体表面：@1500,500,2000

指定顶面的第二角点给四面体表面：@2500,500,2000

指定顶面的第三角点给四面体表面：@2000,800,2000

【动态观察】—自由动态观察

结果如图 9-33 所示。

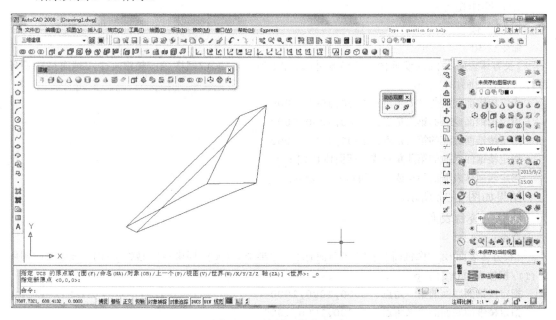

图 9-33　绘制三棱台表面

四棱锥的绘图方法与三棱锥的绘制类似。

9.2.4　圆锥与圆台表面的绘制

（1）绘制圆锥表面的命令为 ai_cone；或在命令栏中输入 3D，选择圆锥面（C）进行绘图操作。

（2）操作指导：

绘制圆锥表面。

命令：3d

[长方体表面(B)/圆锥面(C)/下半球面(DI)/上半球面(DO)/网格(M)/棱锥面(P)/球面(S)/圆环面(T)/楔体表面(W)]：c

指定圆锥面底面的中心点：1000,1000,1000

指定圆锥面底面的半径或 [直径(D)]：500

指定圆锥面顶面的半径或 [直径(D)] <0>：0

指定圆锥面的高度：1000

输入圆锥面曲面的线段数目 <16>：16

【动态观察】—自由动态观察

结果如图 9-34 所示。

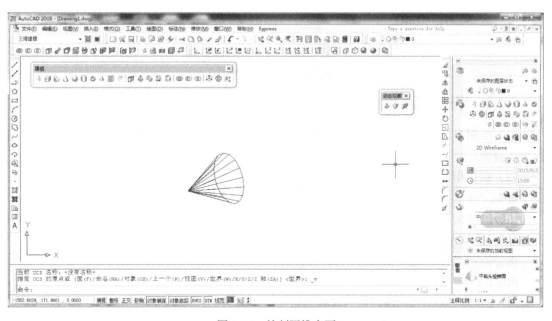

图 9-34　绘制圆锥表面

绘制圆台表面。

选择界面右下角的平截面圆锥体命令：3d

[长方体表面(B)/圆锥面(C)/下半球面(DI)/上半球面(DO)/网格(M)/棱锥面(P)/球面(S)/圆环面(T)/楔体表面(W)]：c

指定圆锥面底面的中心点：1000,1000,1000

指定圆锥面底面的半径或 [直径(D)]：500

指定圆锥面顶面的半径或 [直径(D)] <0>：1000

指定圆锥面的高度：1500

输入圆锥面曲面的线段数目 <16>：16

【动态观察】—自由动态观察

结果如图 9-35 所示。

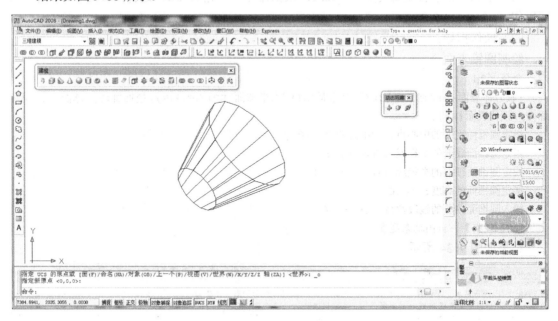

图 9-35　绘制圆台表面

9.2.5　半球表面的绘制

（1）绘制半球表面的命令为 ai_dome；或在命令栏中输入 3D，选择上半球面（DO）进行绘图操作。

（2）操作指导：

命令：3d

[长方体表面(B)/圆锥面(C)/下半球面(DI)/上半球面(DO)/网格(M)/棱锥面(P)/球面(S)/圆环面(T)/楔体表面(W)]：do

指定中心点给上半球面：1000,1000,1000

指定上半球面的半径或 [直径(D)]：500

输入曲面的经线数目给上半球面 <16>：16

输入曲面的纬线数目给上半球面 <8>：8

【动态观察】—自由动态观察

执行完以上操作，可以绘出如图 9-36 所示的上、下半球表面。

9.2.6　球体表面的绘制

（1）绘制球体表面的命令为 ai_sphere；或在命令栏中输入 3D，选择球面（S）进行绘图操作。

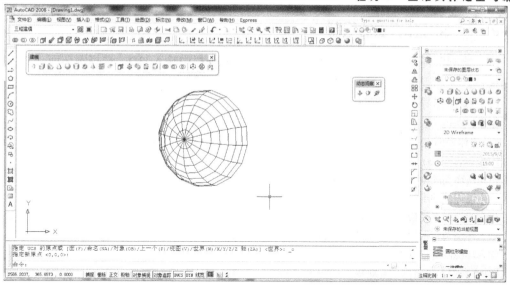

图 9-36 绘制半球表面

（2）操作指导：

命令：3d

[长方体表面(B)/圆锥面(C)/下半球面(DI)/上半球面(DO)/网格(M)/棱锥面(P)/球面(S)/圆环面(T)/楔体表面(W)]：s

指定中心点给球面：1000,1000,1000

指定球面的半径或 [直径(D)]：500

输入曲面的经线数目给球面 <16>：16

输入曲面的纬线数目给球面 <16>：16

【动态观察】—自由动态观察

结果如图 9-37 所示。

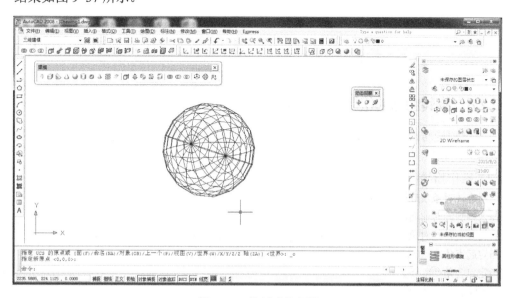

图 9-37 绘制球体表面

9.2.7　圆环体表面的绘制

（1）绘制圆环体表面的命令为 ai_torus；或在命令栏中输入 3D，选择圆环面（T）进行绘图操作。

（2）操作指导：

```
命令：3d
[长方体表面(B)/圆锥面(C)/下半球面(DI)/上半球面(DO)/网格(M)/棱锥面(P)/球面(S)/圆环
面(T)/楔体表面(W)]：t
    指定圆环面的中心点：1000,1000,1000
    指定圆环面的半径或 [直径(D)]：800
    指定圆管的半径或 [直径(D)]：100
    输入环绕圆管圆周的线段数目 <16>：16
    输入环绕圆环面圆周的线段数目 <16>：16
【动态观察】—自由动态观察
```

结果如图 9-38 所示。

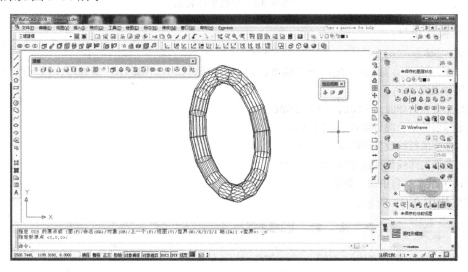

图 9-38　绘制圆环体表面

9.2.8　旋转曲面的绘制

（1）绘制旋转曲面的命令为 revsurf；或菜单输入【绘图】→<建模>→<网格>→<旋转网格>。

（2）操作指导：

```
绘制旋转对象及旋转轴（自定义）。
输入绘制旋转曲面的命令。
旋转要旋转的对象（圆），选择自定义旋转轴的对象（直线）。
指定起点角度<0>。
指定包含角<360>。
```

结果如图 9-39 所示。

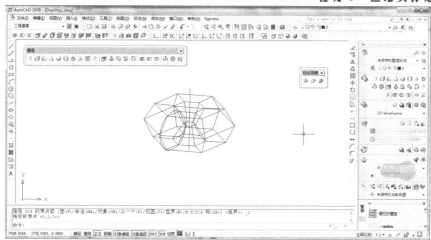

图 9-39　绘制旋转曲面

9.2.9　平移曲面的绘制

（1）绘制平移曲面的命令为 tabsurf；或菜单输入【绘图】→<建模>→<网格>→<平移网格>。

（2）操作指导：

绘制平移对象及作方向矢量。

输入绘制平移曲面的命令。

选择用作轮廓曲线的对象（圆）。

选择用作方向矢量的对象（直线）。

【动态观察】—自由动态观察。

结果如图 9-40 所示。

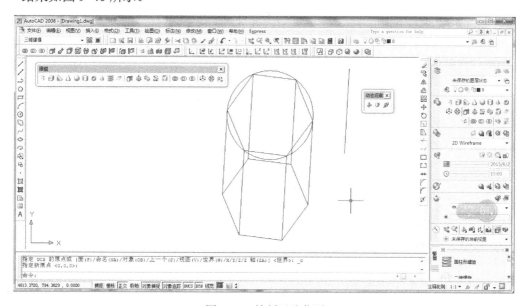

图 9-40　绘制平移曲面

9.2.10 直纹曲面的绘制

（1）绘制直纹曲面的命令为 rulesurf；或菜单输入【绘图】→<建模>→<网格>→<直纹网格>。

（2）操作指导

绘制第一条自定义曲线及第二条自定义曲线。

输入绘制直纹曲面的命令。

选择第一条自定义曲线。

选择第二条自定义曲线。

结果如图 9-41 所示。

（a）

（b）

图 9-41　绘制直纹曲面

9.2.11　边界曲面的绘制

（1）绘制边界曲面的命令为 edgesurf；或菜单输入【绘图】→<建模>→<边界网格>。

（2）操作指导：

绘制四个用作边界的对象。

输入绘制直纹曲面的命令 edgesurf。

依次选择四个用作曲面边界的对象，直接生成边界曲面。

结果如图 9-42 所示。

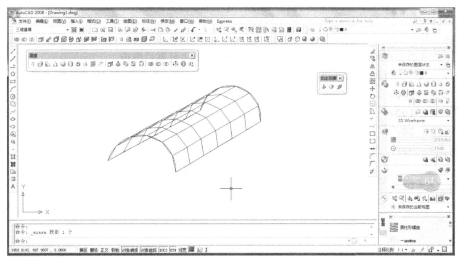

图 9-42　绘制边界曲面

9.3　三维实体造型

三维实体造型是三维绘图的主要部分，三维实体内部是实心的，具有实体的特征，可以进行实体的布尔运算操作，作出复杂的图形。

三维实体造型的菜单及工具栏如图 9-43 所示。

9.3.1　基本三维实体造型

用户可通过调用图 9-44（a）所示的【面板】中的【三维制作】选项卡或者图 9-44（b）所示的工具栏按钮绘制常见的三维实体。基本三维实体包括长方体、球体、圆柱体、楔体和圆环体等。

1）绘制长方体

调用长方体命令：

建模工具栏：
下拉菜单：[绘图]→[建模]→[长方体]
命令窗口：BOX ✓

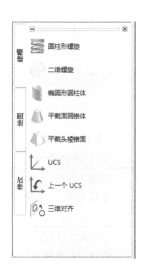

图 9-43　三维实体造型
菜单及工具栏

（a）三维制作选项卡

（b）工具栏按钮

图 9-44　三维制作选项卡和工具栏按钮

AutoCAD 提示：

指定长方体的角点或 [中心点(CE)] <0,0,0>:**在屏幕上任意点单击**

指定角点或 [立方体(C)/长度(L)]:**L** ✓　　　　　　　　//选择给定长宽高模式

指定长度：**200**✓

指定宽度：**100**✓

指定高度：**50**✓

绘制出长 200、宽 100、高 50 的长方体，如图 9-45 所示。

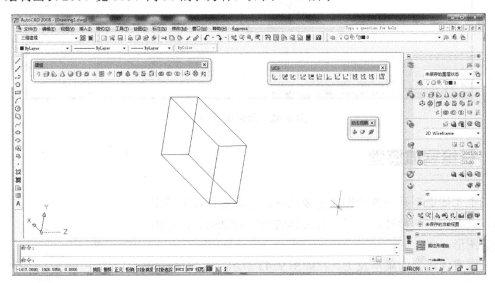

图 9-45　绘制长方体

2）绘制球体

调用球体命令：

建模工具栏：

下拉菜单：[绘图]→[建模]→[球体]

命令窗口：sphere✓

AutoCAD 提示：

指定中心点或 [三点(3P)/两点(2P)/相切、相切、半径(T)]: <0,0,0>: 1000,1000,1000

　　　　　　　　　　　　　　　　　　　　　　　　//或者在屏幕上任意点单击取点

指定半径或 [直径(D)] <500.0000>: 200 ✓　　　　　//输入球体半径

绘制出半径为 200 的球体，如图 9-46 所示。

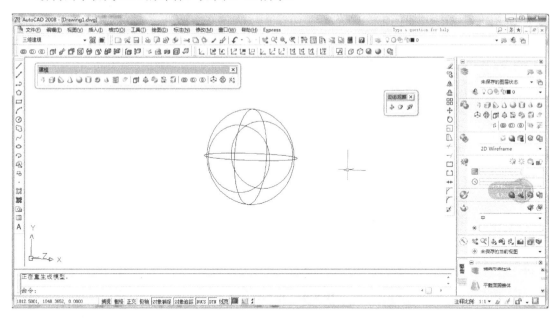

图 9-46　绘制球体

> 说明：球体的经纬线用变量 ISOLINES 确定，或可通过【选项】→【显示】→【曲面轮廓索线】的设定值确定。

3）绘制圆柱体

调用圆柱体命令：

建模工具栏：
下拉菜单：[绘图] → [建模] → [圆柱体]
命令窗口：_cylinder ✓

AutoCAD 提示：

指定底面的中心点或 [三点(3P)/两点(2P)/相切、相切、半径(T)/椭圆(E)]：1000,1000,1000
　　　　　　　　　　　　　　　　//或者在屏幕上任意点单击

指定底面半径或 [直径(D)]：150 ✓　　　　//输入底面半径

指定高度或 [两点(2P)/轴端点(A)]：200✓

绘制出底面半径为 150、高度为 200 的圆柱体，如图 9-47 所示。

4）绘制圆锥体

调用圆锥体命令：

建模工具栏：
下拉菜单：[绘图] → [建模] → [圆锥体]
命令窗口：cone ✓

AutoCAD 提示：

指定底面的中心点或 [三点(3P)/两点(2P)/相切、相切、半径(T)/椭圆(E)]：300,300,300
　　　　　　　　　　　　　　　　//或者在屏幕上任意点单击

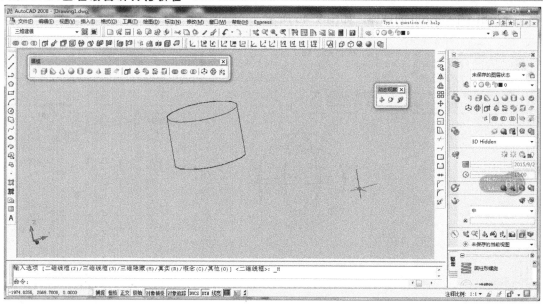

图 9-47　绘制圆柱体

指定底面半径或 [直径(D)] <108.2679>：100✓　　　　　//输入底面半径

指定高度或 [两点(2P)/轴端点(A)/顶面半径(T)] <378.5761>：200✓

绘制出底面半径为 100、高度为 200 的圆锥体，如图 9-48 所示。

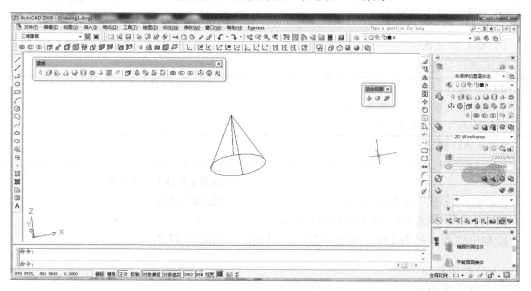

图 9-48　绘制圆锥体

5）绘制楔体

调用**楔体**命令：

建模工具栏：	
下拉菜单：[绘图] → [建模] → [楔体]	
命令窗口：_wedge ✓	//或者（WE）

AutoCAD 提示：

指定第一个角点或 [中心(C)]：1000,1000,1000　　　//或者在屏幕上任意点单击

指定其他角点或 [立方体(C)/长度(L)]：L✔　　　//指定长度

指定长度：200✔

指定宽度：100✔

指定高度或 [两点(2P)]：50✔

绘制出楔体，如图9-49所示。

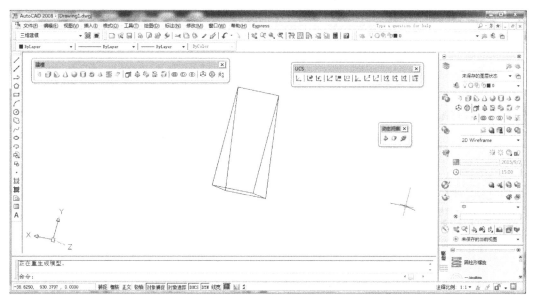

图9-49　绘制楔体

6）圆环体

调用圆环体命令：

> 建模工具栏：
>
> 下拉菜单：[绘图] → [建模] → [圆环体]
>
> 命令窗口：_torus ✔　　　　　　　　　//或者（TOR）

AutoCAD 提示：

指定中心点或 [三点(3P)/两点(2P)/相切、相切、半径(T)]：1000,1000,1000

　　　　　　　　　　　　　　　　　//或者在屏幕上任意点单击

指定半径或 [直径(D)]：100✔　　　　　//指定圆半径

指定圆管半径或 [两点(2P)/直径(D)]：30✔　　//指定圆管半径

绘制出圆环体，如图9-50所示。

9.3.2　拉伸与旋转造型

1）拉伸造型

能够被拉伸的对象为面域或者封闭的多段线，输入拉伸命令后，再输入拉伸高度、拉伸角度确定，便可以将对象拉伸。绘制如图9-51所示的封闭多段线。

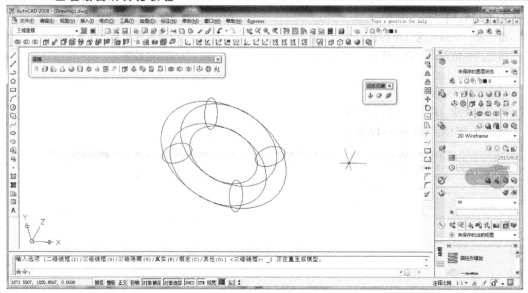

图 9-50　绘制圆环体

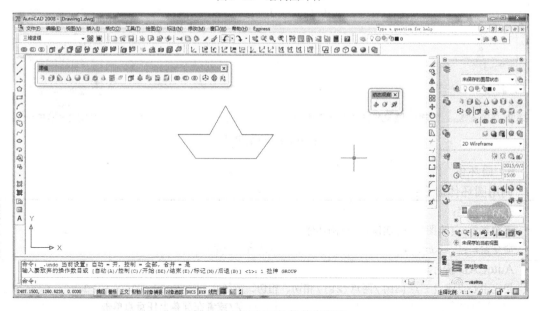

图 9-51　绘制可拉伸的多段线

调用拉伸造型命令：

建模工具栏：	
下拉菜单：[绘图] → [建模] → [拉伸]	
命令窗口：_extrude✓	//或者（EX）

AutoCAD 提示：

当前线框密度： ISOLINES=4

选择要拉伸的对象： 　　　　　　　　　//选择刚刚在屏幕上绘制的封闭多段线

指定拉伸的高度或 [方向(D)/路径(P)/倾斜角(T)]: 100✓　　　　//拉伸的高度

绘制出拉伸造型，如图 9-52 所示。

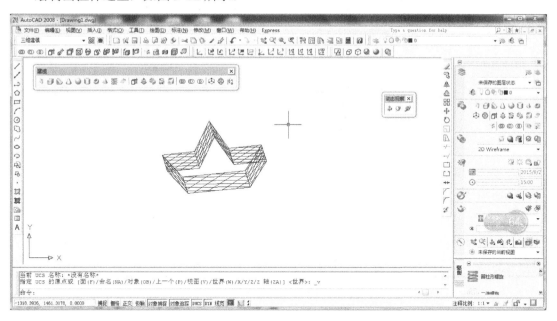

图 9-52　拉伸造型

2）旋转造型

制作旋转对象，旋转对象应是封闭的多段线或面域，如图 9-51 所示。

调用旋转造型命令：

建模工具栏：	
下拉菜单：[绘图] → [建模] → [旋转]	
命令窗口：_revolve✓	//或者（REV）

AutoCAD 提示：

选择要旋转的对象：找到 1 个　　　//选择刚刚绘制的封闭多段线

选择要旋转的对象：✓

指定轴起点或根据以下选项之一定义轴 [对象(O)/X/Y/Z] <对象>：　　//指定旋转轴起点

指定轴端点：　　　　　　　　　　　　　　　　　　　//指定旋转轴端点

指定旋转角度或 [起点角度(ST)] <360>：✓　　　　　//指定旋转角度

绘制出旋转造型，如图 9-53 所示。

9.3.3　与实体有关的系统变量

用 AutoCAD 绘制实体时，用户可以通过某些系统变量控制实体的显示方式。

1）ISOLINES 变量

系统变量 ISOLINES 用于确定实体的轮廓线数量，有效值范围为 0～2047，默认值是 4。变量 ISOLINES 的值不同，实体的显示形式也不一样，如图 9-54 所示。

> ！注意：更改系统变量 ISOLINES 值后，需要用 REGEN 重生成命令重新生成图形，这样才能看到相应的显示效果。

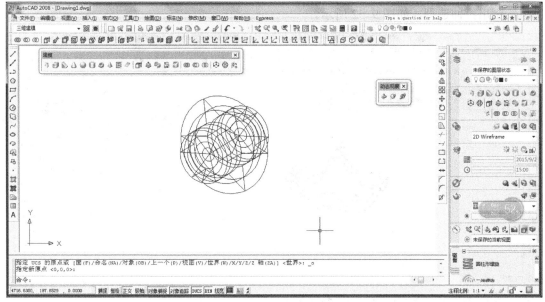

图 9-53　旋转造型

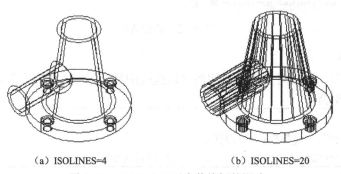

（a）ISOLINES=4　　　　　　　　（b）ISOLINES=20

图 9-54　ISOLINES 对实体线框的影响

2）FACETRES 变量

系统变量 FACETRES 用于控制当实体以消隐、着色或渲染模式显示时，实体表面的光滑程度，其有效值范围为 0～10，默认值是 0.5。值越大，实体消隐、着色或渲染后的表面越光滑，但执行这些操作时需要的时间也越长。变量 FACETRES 的值不相同，则实体消隐显示的效果也不相同，如图 9-55 所示。

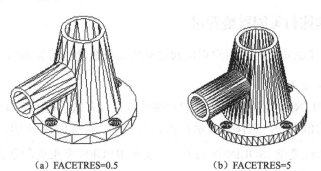

（a）FACETRES=0.5　　　　　　　（b）FACETRES=5

图 9-55　FACETRES 对实体消隐显示的影响

!注意：更改系统变量 FACETRES 值后，同样需要用 REGEN 重生成命令重新生成图形，这样才能看到相应的显示效果。

9.4 三维实体编辑

三维实体编辑主要包括"三维操作"和"实体编辑"两部分。可对三维实体进行布尔运算、旋转、阵列、镜像、倒角、对齐、剖切、抽壳、干涉、压印、分割等编辑，还可对实体的边和面进行编辑。其中布尔运算可对三维实体进行求并集、差集及交集的操作，构造较复杂的三维实体，其他编辑操作与二维编辑类似。

如图 9-56 所示，可通过菜单【修改】→【三维操作】调用三维移动、三维旋转、对齐、三维对齐、三维镜像、三维阵列、干涉检查、剖切、加厚、转换为实体、转换为曲面和提取边等操作。

图 9-56 三维操作菜单命令

在已打开的工具上右击，在弹出的光标菜单中选取"实体编辑"选项，弹出如图 9-57 所示的工具栏，在进行实体编辑时使用此工具栏非常方便。

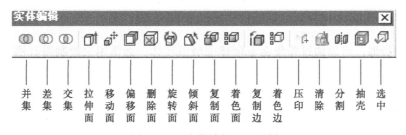

图 9-57 "实体编辑"工具栏

9.4.1 用布尔运算创建实体模型

前面介绍了如何创建基本三维实体和由二维对象转换得到三维实体，将这些简单实体放在一起，通过布尔运算可以进行多个简单三维实体求并、求差及求交等操作，从而创建出形状复杂的三维实体，许多挖孔、开槽都是通过布尔运算来完成的，这是创建三维实体使用频率非常高的一种手段。

布尔运算包括并集、差集和交集。

1）并集

通过并集绘制组合体，首先需要创建基本实体，然后再通过基本实体的并集产生新的组合体，主要用于将多个相交或者相接触的对象组合在一起。当组合一些不相交的三维实体时，其显示效果还是多个实体，但是实际上已被当作一个对象。

"并集"命令的启用有三种方法。

调用并集命令：

【实体编辑】工具栏：⊙⊙
下拉菜单：【修改】→【实体编辑】→【并集】菜单命令
命令窗口：UNION

绘制图 9-58（a）所示的球体和圆柱体的相交部分。

AutoCAD 命令行提示如下：

命令：_union	//启用并集命令
选择对象：指定对角点：找到 2 个	//窗口选取球体和圆柱体
选择对象：✔	//按【Enter】键

结果如图 9-58（b）所示。

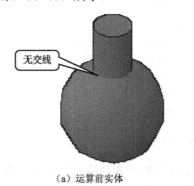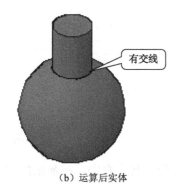

（a）运算前实体　　　　　　　　　　　　　　（b）运算后实体

图 9-58　并集运算效果

2）差集

与并集相类似，可以通过差集命令创建面域或实体。通常用来绘制带有槽、孔等结构的组合体。

启用"差集"命令有三种方法。

调用差集命令：

【实体编辑】工具栏：⊙⊙
下拉菜单：【修改】→【实体编辑】→【差集】菜单命令
命令窗口：SUBTRACT

在图 9-59（a）所示的球体当中去掉圆柱体。

AutoCAD 命令行提示如下：

命令：_subtract 选择要从中减去的实体或面域...	//启用差集命令
选择对象：找到 1 个	//按【Enter】键

选择对象：选择要减去的实体或面域 ..
选择对象：找到 1 个　　　　　　　　　　　　//按【Enter】键
选择对象：✓　　　　　　　　　　　　　　　//按【Enter】键

结果如图 9-59（b）所示。

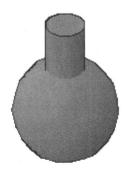

（a）运算前实体　　　　　　　　　　（b）运算后实体

图 9-59　差集运算效果

3）交集

与并集和差集一样，可以通过交集来产生多个面域或实体相交的部分。

启用"交集"命令有三种方法。

调用交集命令：

【实体编辑】工具栏：◎◎
下拉菜单：【修改】→【实体编辑】→【交集】菜单命令
命令窗口：INTERSECT

绘制图 9-60（a）所示的球体和圆柱体的相交部分。

启用"交集"命令后，AutoCAD 命令行提示如下：

命令：_intersect　　　　　　　　　　　//启用交集命令
选择对象：指定对角点：找到 2 个　　　　//窗口选取球体和圆柱体
选择对象：✓　　　　　　　　　　　　　//按【Enter】键

结果如图 9-60（b）所示。

（a）运算前实体　　　　　　　　　　（b）运算后实体

图 9-60　交集运算效果

9.4.2 实体的面编辑

（1）拉伸面：直接单击"实体编辑"工具栏中的 ⬚ 按钮，将选择的三维实体组成面以指定的高度或沿指定的路径进行拉伸。

（2）移动面：单击"实体编辑"工具栏中的 ⬚ 按钮，将选择的三维实体组成面按指定的方向和距离移动一定的距离。

（3）偏移面：直接单击"实体编辑"工具栏中的 ⬚ 按钮，将选择的三维实体组成面按指定的距离或通过指定的点均匀地偏移。

（4）旋转面：直接单击"实体编辑"工具栏中的 ⬚ 按钮，将选择的三维实体组成面按指定的角度绕着某一轴进行旋转。

（5）倾斜面：直接单击"实体编辑"工具栏中的 ⬚ 按钮，将选择的三维实体组成面按指定的角度进行倾斜，倾斜方向由选择基点和第二点(沿选定矢量)的顺序决定。

（6）删除面：直接单击"实体编辑"工具栏中的 ⬚ 按钮，删除选择的三维实体组成面。

（7）复制面：直接单击"实体编辑"工具栏中的 ⬚ 按钮，复制选中的三维实体组成面，创建出新的面域；如果选中多个面进行复制则会创建出实体。复制时需指定选中面的基点与另一点来确定创建的面域或体的位置。

（8）颜色：直接单击"实体编辑"工具栏中的 ⬚ 按钮，用于改变被选中的三维实体组成面的颜色。选择该选项并选择要着色的面后，在打开的"选择颜色"对话框中选择所需的颜色并单击"确定"按钮即可改变该面的颜色，在线框着色模式下，只显示被选中的面的边框颜色。

以上各种情况如图 9-61 所示。

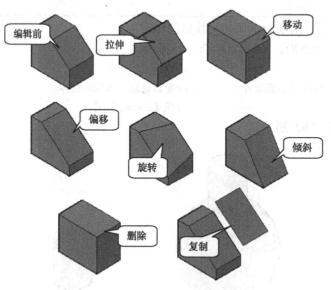

图 9-61　编辑面示例图

> ⚠️ **注意**：只有删除所选的面后不影响实体的存在时，才能进行删除面的操作，如删除楔体的任何一个面都不再包含体的信息，因此就不能删除楔体的任何一个面。删除面时，如果选择的三维面进行过圆角或倒角等编辑，删除该面将会同圆角和倒角一并删除。

9.4.3　实体的边编辑

1）复制边

单击"实体编辑"工具栏中的按钮，用于复制三维实体上被选择的边线。选择该选项后，需要指定基点与复制出的边的放置位置；也可以通过输入位移值的方法指定复制出的边的放置位置。如图 9-62 所示即是将矩形前面的底边在 X 方向上复制并位移出的效果。复制边主要用于绘制与三维实体某边平行且长度相等的直线。

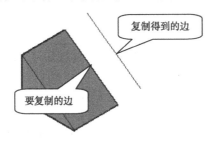

图 9-62　复制边图例

以下面任意一种方法调用复制边命令：

实体编辑工具栏：
下拉菜单：[修改]→[实体编辑]→[复制边]

```
命令：_solidedit
实体编辑自动检查：SOLIDCHECK=1
输入实体编辑选项 [面(F)/边(E)/体(B)/放弃(U)/退出(X)] <退出>：_edge
输入边编辑选项 [复制(C)/着色(L)/放弃(U)/退出(X)] <退出>：_copy
选择边或 [放弃(U)/删除(R)]：选择 AB 边
选择边或 [放弃(U)/删除(R)]：选择 AC 边
选择边或 [放弃(U)/删除(R)]：选择 CD 边
选择边或 [放弃(U)/删除(R)]：✓
指定基点或位移：　　　　//选择点 A
指定位移的第二点：　　　//选择目标点
```

结束命令，得到复制的边框线 A_1B_1、A_1C_1、C_1D_1，如图 9-63 所示。

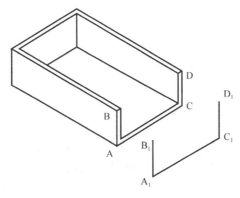

图 9-63　复制边

2）着色边

单击"实体编辑"工具栏中的 ![icon] 按钮，用于改变被选择的三维实体边线的颜色。选择该选项并选择要着色的边后，在打开的"选择颜色"对话框中选择所需的颜色并单击【确定】按钮，即可改变该边的颜色。

3）边缘倒角

（1）三维倒直角。启用"倒直角"命令有三种方法。

选择→【修改】→【倒直角】菜单命令
单击【修改】工具栏中的 ![icon] 按钮
窗口命令：CHAMFER

根据命令行提示完成如图 9-64（a）所示长方体棱边 1 上的倒角。启用"倒直角"命令后，AutoCAD 命令行提示如下：

命令：_chamfer   //选择倒直角命令
（"不修剪"模式) 当前倒角距离 1=0.0000，距离 2=2.0000
选择第一条直线或 [放弃(U)/多段线(P)/距离(D)/角度(A)/修剪(T)/方式(E)/多个(M)]：
                    //选择棱边 1，以便确定倒角的基面
基面选择...
输入曲面选择选项[下一个(N)/当前(OK)]<当前>：   //此时 A 面以虚线表示，则按【Enter】键；若相邻面以虚线显示，则选择"下一个（N）"，然后按【Enter】键
指定基面的倒角距离：15   //输入基面的倒角距离
指定其他曲面的倒角距离：20   //输入相邻面的倒角距离
选择边或[环(L)]：   //选择棱边 1，并按【Enter】键

结果如图 9-64（b）所示。

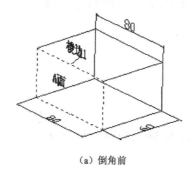

（a）倒角前   （b）倒角后

图 9-64　三维倒角图例

（2）三维倒圆角。启用"圆角"命令有三种方法。

选择→【修改】→【圆角】菜单命令
单击【修改】工具栏中的 ![icon] 按钮
窗口命令：FILLET

根据命令行提示完成如图 9-65（a）所示长方体棱边上的倒圆角。

启用"倒圆角"命令后，AutoCAD 命令行提示如下：

命令：_fillet   //选择倒圆角命令
当前设置：模式=不修剪，半径=0.0000

选择第一个对象或[放弃(U)/多段线(P)/半径(R)/修剪(T)/多个(M)]:
　　　　　　　　　　　　　　　　　　　　//选择棱边 1
输入圆角半径:8　　　　　　　　　　　　//输入圆角半径
选择边或[链(C)/半径(R)]:　　　　　　　//选择棱边 2
选择边或[链(C)/半径(R)]:　　　　　　　//选择棱边 3
选择边或[链(C)/半径(R)]:　　　　　　　//按【Enter】键
已选定 3 个边用于圆角。

结果如图 9-65(b)所示。

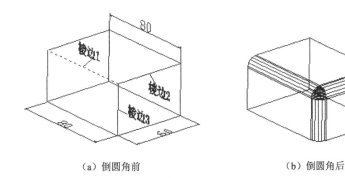

（a）倒圆角前　　　　　　　　　　　　（b）倒圆角后

图 9-65　三维倒圆角图例

9.4.4　实体的体编辑

1.抽壳

以下面任意一种方法调用抽壳命令:

【实体编辑】工具栏: ⬜
下拉菜单: [修改]→[实体编辑]→[抽壳]

根据命令行提示完成如图 9-66(a)所示箱体的抽壳。

启用"抽壳"命令后,AutoCAD 命令行提示如下:

命令: _solidedit
实体编辑自动检查: SOLIDCHECK=1
输入实体编辑选项 [面(F)/边(E)/体(B)/放弃(U)/退出(X)] <退出>: _body
输入体编辑选项
[压印(I)/分割实体(P)/抽壳(S)/清除(L)/检查(C)/放弃(U)/退出(X)] <退出>: _shell
选择三维实体:　　　　　　　　　　　　　　　　　　//在三维实体上单击
删除面或 [放弃(U)/添加(A)/全部(ALL)]:找到一个面,已删除 1 个　//选择上表面
删除面或 [放弃(U)/添加(A)/全部(ALL)]: ↙
输入抽壳偏移距离: 8↙
已完成实体校验。

结果如图 9-66(b)所示。

2.剖切实体

（1）创建全剖实体模型。调用剖切命令:

实体工具栏: ⬚
下拉菜单: [绘图]→[实体]→[剖切]
窗口命令: SLICE ✓

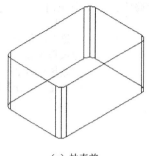

（a）抽壳前　　　　　　　　　　　　（b）抽壳后

图 9-66　抽壳图例

根据命令行提示完成如图 9-67（b）所示全剖切实体。

启用"剖切"命令后，AutoCAD 命令行提示如下：

命令：_slice

选择对象：**选择实体模型　找到 1 个**

选择对象：✔

指定切面上的第一个点，依照 [对象(O)/Z 轴(Z)/视图(V)/XY 平面(XY)/YZ 平面(YZ)/ZX 平面(ZX)/三点(3)] <三点>:**选择左侧 U 形槽上圆心 A**

指定平面上的第二个点：**选择圆筒上表面圆心 B**

指定平面上的第三个点：**选择右侧 U 形槽上圆心 C**

在要保留的一侧指定点或 [保留两侧(B)]：**在图形的右上方单击**　//后侧保留

结果如图 9-67（b）所示。

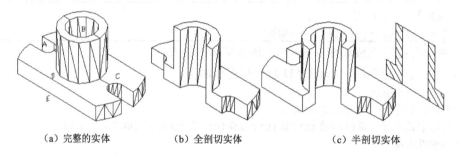

（a）完整的实体　　　　　（b）全剖切实体　　　　　（c）半剖切实体

图 9-67　轴承座

（2）创建半剖实体模型。选择前面复制的完整轴承座实体，重复剖切过程，当系统提示："在要保留的一侧指定点或 [保留两侧(B)]:"时，选择"B"选项，则剖切的实体两侧全保留。

再调用"剖切"命令：

命令：_slice

选择对象:**选择前部分实体　找到 1 个**

选择对象：✔　　　　　　　　　　　　　　　　　　　//结束选择

指定切面上的第一个点，依照 [对象(O)/Z 轴(Z)/视图(V)/XY 平面(XY)/YZ 平面(YZ)/ZX 平面(ZX)/三点(3)] <三点>：**选择圆筒上表面圆心 B**

指定平面上的第二个点：**选择底座边中心点 D**

指定平面上的第三个点：**选择底座边中心点 E**

在要保留的一侧指定点或 [保留两侧(B)]: 在图形左上方单击

结果如图 9-68 所示。

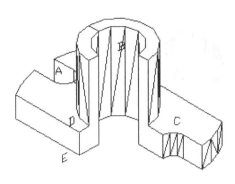

图 9-68 半剖的实体

任务 **10**

综合绘图实例

内容提要：通过综合实例的绘制，讲述 AutoCAD 在机械、电气及建筑绘图方面的综合应用，将绘图、标注、图框、布局及文字等知识综合运用，控制绘图时间，掌握绘图步骤，提高学生识图绘图的能力。

综合实例 1 泵盖的绘制

操作范例：绘制泵盖，如图 10-1 所示。

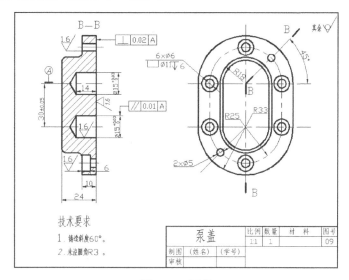

图 10-1 泵盖

操作步骤：

步骤 1：绘图准备。

（1）新建文件，名称：端盖。

（2）按图中要求创建图层。

（3）确定 A4 图幅（297×210）

（4）绘制标题栏如图 10-2 所示，建立文字样式 GB5 和 GB10。

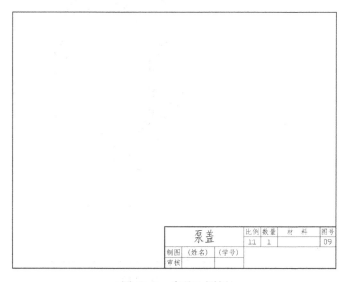

图 10-2 步骤 1 图例

步骤 2：绘制图形。

（1）选择中心线层，在图幅合适位置绘制中心线，如图 10-3 所示。

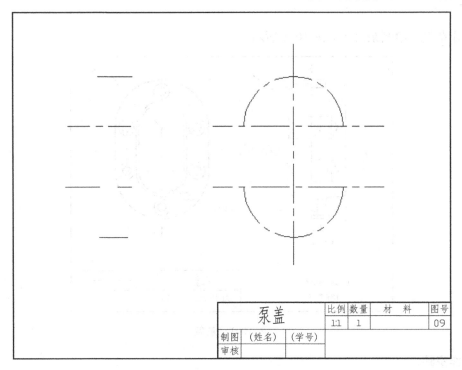

图 10-3　确定中心线

（2）绘制俯视图轮廓，如图 10-4 所示。绘制沉孔的两圆尺寸分别为 $\phi 6$ 和 $\phi 11$。

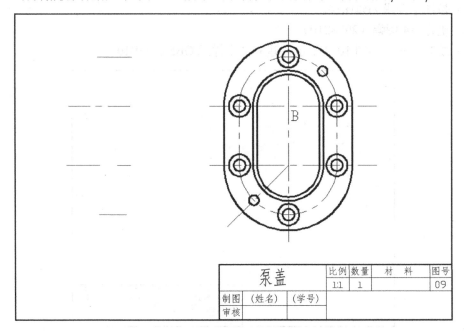

图 10-4　绘制俯视图轮廓

（3）按标注的角度，绘制剖切线，剖切采用粗实线层，如图 10-5 所示。

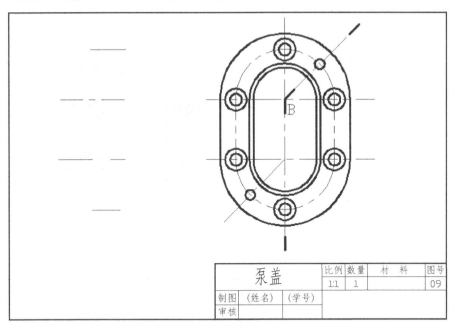

图 10-5　完成剖切线的绘制

（4）绘制左视图轮廓线，倒角半径为 R3，铸造斜角 60°，ϕ11 沉孔下沉为 6，如图 10-6 所示。

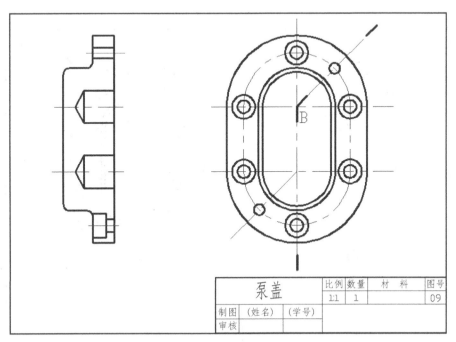

图 10-6　完成剖视图绘制

（5）使用剖面线层对剖视图填充剖面线，使用标注线层并对泵盖进行基本尺寸标注，如

图 10-7 所示。

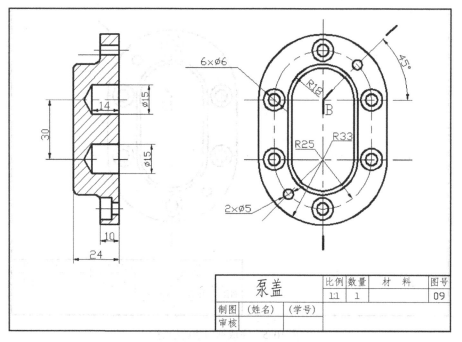

图 10-7　基本尺寸标注

（6）标注尺寸公差、形位公差，绘制粗糙度块，对图形的其他尺寸进行标注，如图 10-8 所示。

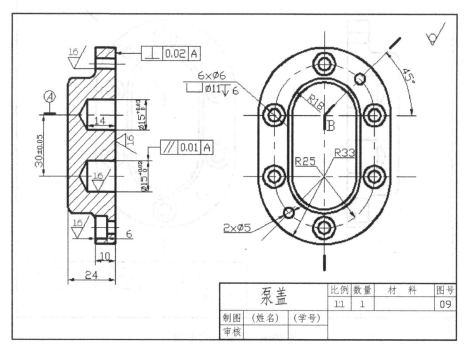

图 10-8　完成尺寸标注

（7）书写技术要求及其他文字，完成泵盖的绘制，如图 10-9 所示。

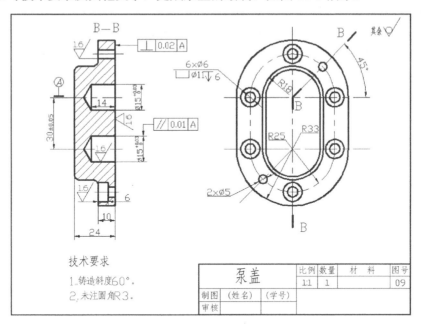

图 10-9　书写技术要求完成泵盖的绘制

综合实例 2　齿轮轴的绘制

操作范例：绘制齿轮轴，如图 10-10 所示。

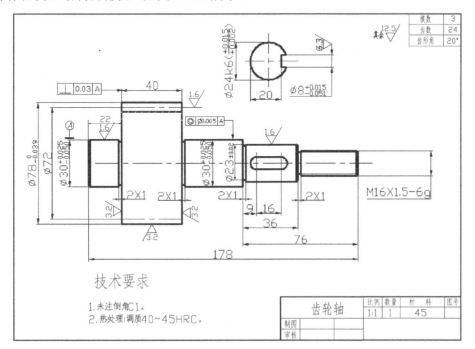

图 10-10　齿轮轴

操作步骤：

步骤1：绘图准备。

（1）新建文件，名称：齿轮轴，按图中要求创建图层。

（2）确定 A4 图幅，绘制标题栏，建立文字样式 GB5 和 GB10，如图 10-11 所示。

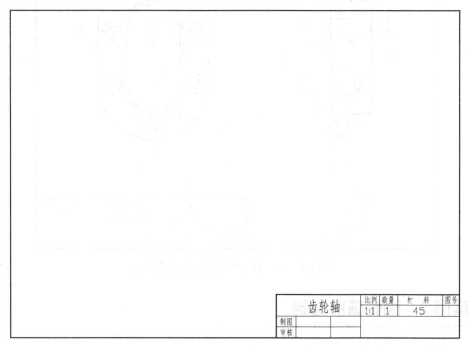

图 10-11　步骤 1 图例

步骤2：绘制图形。

（1）选择中心线层，在图幅合适位置绘制中心线，如图 10-12 所示。

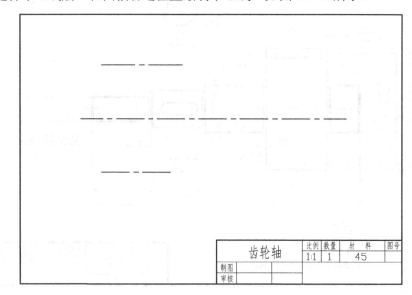

图 10-12　确定中心线

（2）绘制主视图，如图 10-13 所示，注意用样条曲线画出剖面线轮廓的方法。

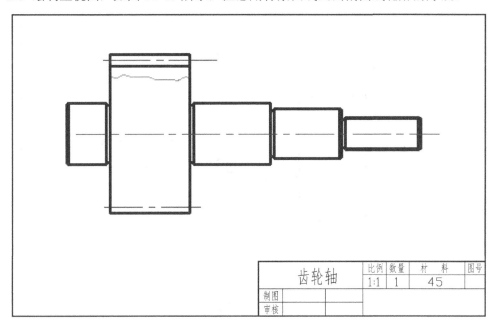

图 10-13　绘制主视图轮廓

（3）绘制主视图上键槽，注意剖切图的位置，如图 10-14 所示。

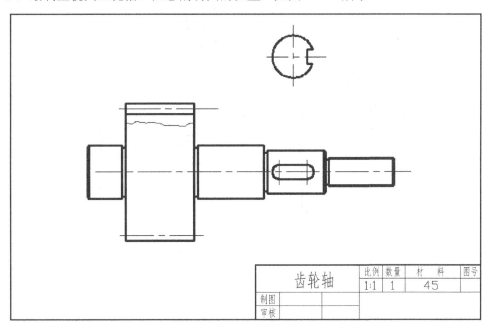

图 10-14　完成键槽的绘制

（4）按样图填充剖面线，如图 10-15 所示。

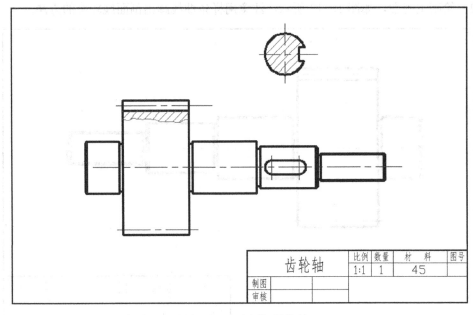

图 10-15　完成剖视图绘制

（5）对齿轮轴进行基本尺寸标注，如图 10-16 所示。

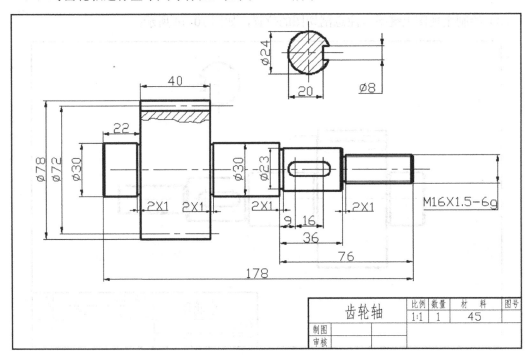

图 10-16　基本尺寸标注

（6）完成其他尺寸的标注，如图 10-17 所示。

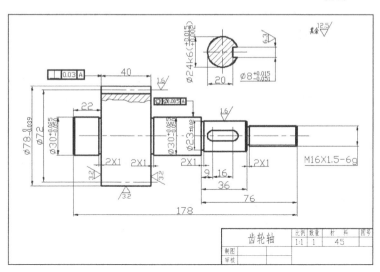

图 10-17　完成尺寸标注

标注时 $\left(^{+0.015}_{+0.002}\right)$ 尺寸的书写如图 10-18 所示。

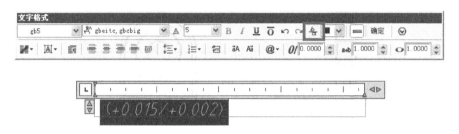

图 10-18　尺寸的书写

（7）书写技术要求及其他文字，完成齿轮轴的绘制，如图 10-19 所示。

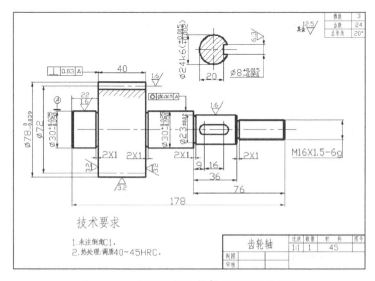

图 10-19　书写技术要求完成齿轮轴的绘制

综合实例 3　三视图的绘制

一个视图只能反映物体一个方位看到的形状，不能完整反映物体的结构形状。三视图是从三个不同方向对同一个物体进行投射的结果，是工程界一种对物体几何形状约定俗成的抽象表达方式。

三视图的一个最重要的规则是"长对正、高平齐、宽相等"，即主视图和俯视图相应部位的长要相等（保持对正），主视图和左视图相应部位的高要相等（保持平齐），左视图和俯视图相应部位的宽度要相等。在手工绘图时，我们主要通过丁字尺和三角板来保证"长对正、高平齐"，并利用圆规或 45°辅助来保证"宽相等"。

在 AutoCAD 中，我们有多种方式来保证"长对齐、高相等"，例如，使用正交、极轴与对象追踪、构造线、偏移等。除此之外，还可以通过复制并旋转视图来保证左、俯视图的宽相等。AutoCAD 提供的集合约束功能，也可以方便地实现三视图的水平、垂直、相等、对齐等要求。

操作范例：绘制如图 10-20 所示图形。

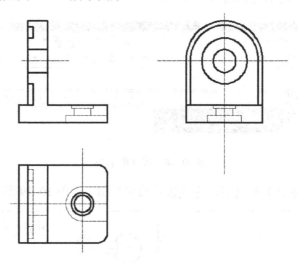

图 10-20　三视图图例

操作步骤：

步骤 1：绘制底座。

（1）底座主视图的绘制：

命令：单击绘制矩形→ ▱

指定第一个角点或 [倒角(C)/标高(E)/圆角(F)/厚度(T)/宽度(W)]:

指定另一个角点或 [面积(A)/尺寸(D)/旋转(R)]: d

指定矩形的长度 <10.0000>: 320

指定矩形的宽度 <10.0000>: 60

（2）底座俯视图的绘制：

命令：单击绘制矩形→ ▭

指定第一个角点或 [倒角(C)/标高(E)/圆角(F)/厚度(T)/宽度(W)]:

指定另一个角点或 [面积(A)/尺寸(D)/旋转(R)]: d

指定矩形的长度 <320.0000>:

指定矩形的宽度 <60.0000>: 270

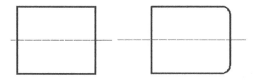

命令：单击倒圆角→ ▛

选择第一个对象或 [放弃(U)/多段线(P)/半径(R)/修剪(T)/多个(M)]: r

指定圆角半径 <0.0000>: 32

选择第一个对象或 [放弃(U)/多段线(P)/半径(R)/修剪(T)/多个(M)]:

选择第二个对象，或按住 Shift 键选择要应用角点的对象:

命令：

重复倒圆角→ ▛

当前设置：模式 = 修剪，半径 = 32.0000

选择第一个对象或 [放弃(U)/多段线(P)/半径(R)/修剪(T)/多个(M)]:

选择第一个对象或 [放弃(U)/多段线(P)/半径(R)/修剪(T)/多个(M)]:

选择第二个对象，或按住 Shift 键选择要应用角点的对象:

命令：

（3）底座左视图的绘制：

命令:单击绘制矩形→ ▭

指定第一个角点或 [倒角(C)/标高(E)/圆角(F)/厚度(T)/宽度(W)]:

指定另一个角点或 [面积(A)/尺寸(D)/旋转(R)]: d

指定矩形的长度 <320.0000>: 270

指定矩形的宽度 <270.0000>: 60

步骤 2：底座长槽的绘制。

（1）在俯视图上的长槽：

单击"直线"按钮→ ╱

指定第一点：

指定下一点；

极轴向左输入 90/确定，

极轴向下，与中心线有一交点。

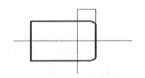

单击"画圆"按钮→

命令: _circle 指定圆的圆心（交点）

指定圆的半径或 [直径(D)] <135.0000>: 60

命令:单击"直线"按钮→

命令: _line 指定第一点:

指定下一点或 [放弃(U)]:

指定下一点或 [放弃(U)]:

命令:

LINE 指定第一点:

指定下一点或 [放弃(U)]:

指定下一点或 [放弃(U)]:

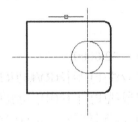

单击"修剪"按钮→

前设置:投影=UCS，边=无

选择剪切边...

选择对象或 <全部选择>: 指定对角点: 找到 10 个

选择对象:

选择要修剪的对象，或按住【Shift】键选择要延伸的对象，或
[栏选(F)/窗交(C)/投影(P)/边(E)/删除(R)/放弃(U)]:

选择要修剪的对象，或按住【Shift】键选择要延伸的对象，或
[栏选(F)/窗交(C)/投影(P)/边(E)/删除(R)/放弃(U)]:

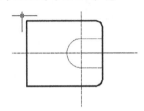

（2）主视图上的长槽:

利用对象追踪，从俯视图找对应点。

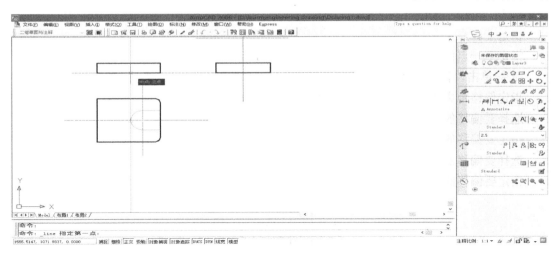

从俯视图找对应点

命令:单击"直线"按钮→

指定第一点:

指定下一点或 [放弃(U)]: 25/确定

极轴向右

指定下一点：闭合

（3）左视图的长槽：

利用对象追踪，从主视图找对应点。

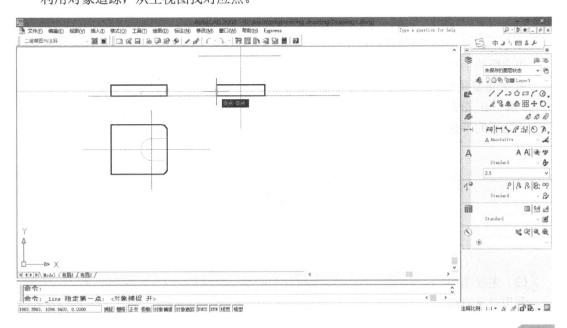

单击"直线"按钮

指定下一点

指定下一点：闭合

命令:单击"偏移"按钮→⚒

指定偏移距离或 [通过(T)/删除(E)/图层(L)] <72.0000>： 60

选择要偏移的对象：中心线

指定要偏移的右侧上的点

选择要偏移的对象：中心线

指定要偏移的左侧上的点

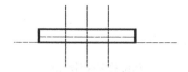

单击"修剪"按钮→ ⼃

选择要修剪的对象，或按住 Shift 键选择要延伸的对象

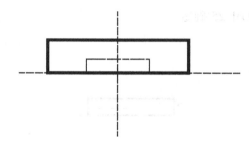

步骤 3：底座圆孔的绘制。

（1）俯视图：

命令:单击"画圆"按钮→◎

命令: _circle 指定圆的圆心：交点

指定圆的半径 30

命令:重复画圆

CIRCLE 指定圆的圆心：交点

指定圆的半径: 40

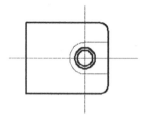

（2）主视图：

利用对象追踪。

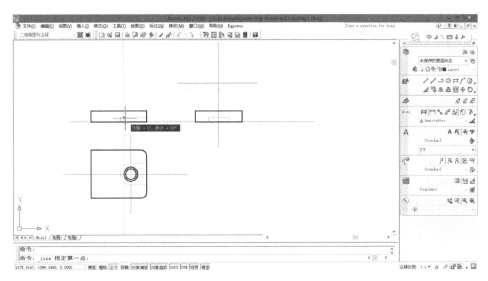

利用对象追踪

单击"直线"按钮

指定第一点:输入 25/确定，极轴向右，输入 60/确定；极轴向下，闭合

单击"直线"按钮，输入 10/确定，极轴向右，指定下一点：闭合

重复直线按钮，输入 10/确定，极轴向左，指定下一点：闭合

（3）左视图：

命令:单击"偏移"按钮→

指定偏移距离 40

选择要偏移的对象：中心线

指定要偏移的左侧上的点

选择要偏移的对象：中心线

指定要偏移的右侧上的点

重复偏移

指定偏移距离 30

选择要偏移的对象：中心线

指定要偏移的左侧上的点

选择要偏移的对象：中心线

指定要偏移的右侧上的点

命令:重复偏移

指定偏移距离： 25

选择要偏移的对象，指定要偏移的上侧上的点

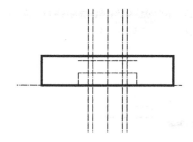

单击"修剪"按钮→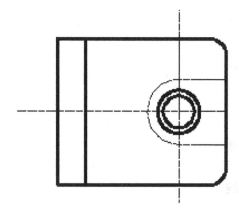

选择剪切边...

选择要修剪的对象，或按住【Shift】键选择要延伸的对象

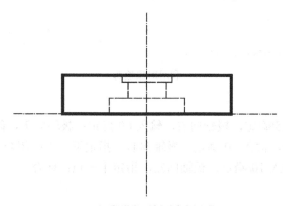

步骤 4：上半部分的绘制。

（1）切换粗实线层绘制上部分俯视图。

命令: _line 指定第一点:

指定下一点或 [放弃(U)]: 32/确定

极轴向下，输入 270/确定

命令: 单击"偏移按钮"

指定偏移距离或 [通过(T)/删除(E)/图层(L)] <通过>:　72

选择要偏移的对象

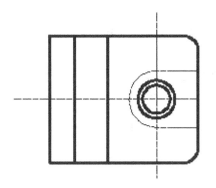

指定要偏移的那一侧上的点

（2）上部分主视图利用对象追踪，找对应点。

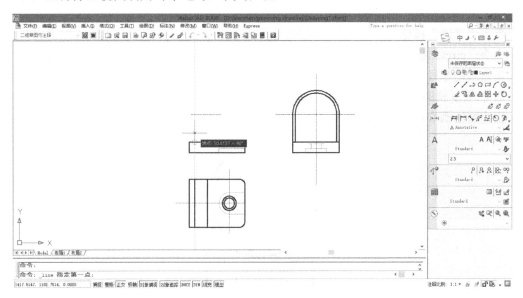

单击"直线"按钮

命令: _line 指定第一点:

指定下一点或 [放弃(U)]: 295

指定下一点或 [放弃(U)]: 72

[闭合(C)]: [放弃(U)]

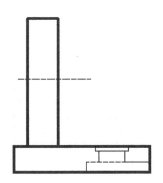

命令：单击"修剪"按钮

选择对象或 <全部选择>： 指定对角点: 找到 18 个

选择对象:

选择要修剪的对象，或按住【Shift】键选择要延伸的对象

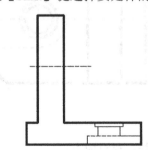

（3）上部分左视图的绘制。

单击"画圆"按钮

命令: _circle 指定圆的圆心（交点）

指定圆的半径 135

命令:重复画圆

指定圆的圆心，指定圆的半径 120

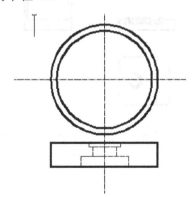

命令: _line 指定第一点:

指定下一点

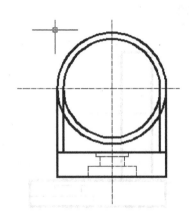

单击"修剪"按钮

选择剪切边...

选择对象或 <全部选择>：　指定对角点：找到 17 个

选择对象：找到 1 个（1 个重复），总计 17 个

选择对象：

选择要修剪的对象，或按住【Shift】键选择要延伸的对象

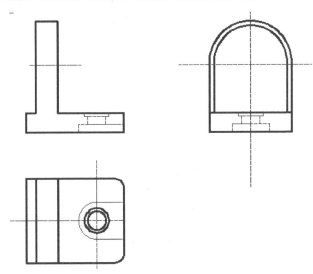

步骤 5：上部分圆孔的绘制。

（1）上部分左视图圆孔的绘制。

单击"画圆"按钮

指定圆的圆心：

指定圆的半径: 40

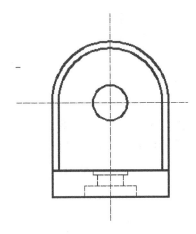

命令:重复画圆

CIRCLE　指定圆的圆心

指定圆的半径: 80

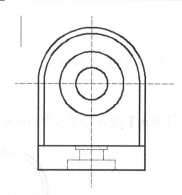

（2）上部分主视图圆孔的绘制。

命令:单击"偏移"按钮

指定偏移距离 <40.0000>:

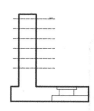

选择要偏移的对象（中心线）

命令: 重复"偏移"按钮

指定偏移距离或　20

选择要偏移的对象，指定要偏移的那一侧上的点

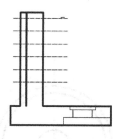

命令:单击"修剪"按钮...

选择对象或 <全部选择>:　指定对角点: 找到 25 个

选择要修剪的对象，或按住【Shift】键选择要延伸的对象，或

[栏选(F)/窗交(C)/投影(P)/边(E)/删除(R)/放弃(U)]

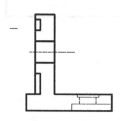

（3）切换到虚线层，绘制俯视图上部分圆孔。

命令: _line 指定第一点:输入 20/确定

极轴向下，输入 270/确定

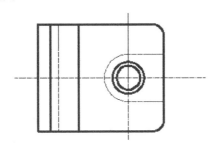

命令:单击"偏移"按钮

指定偏移距离：　40

选择要偏移的对象（中心线），或 [退出(E)/放弃(U)] <退出>:

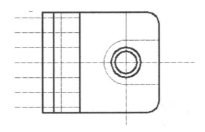

命令: 单击"修剪"按钮

选择剪切边... 找到 24 个

选择要修剪的对象，或按住【Shift】键选择要延伸的对象

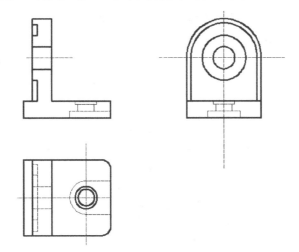

步骤 6：标注。

（1）命令: 单击"线性标注"按钮→⊢⊣。

指定第一条尺寸界线原点或 <选择对象>:10、20、25、60、160、32、72、90、270、320

指定第二条尺寸界线原点

（2）命令：单击"对齐"标注→⬛。

指定第一条尺寸界线原点或 <选择对象>：（两条弧距）

指定第二条尺寸界线原点：

指定尺寸线位置或

标注文字 ＝ 15

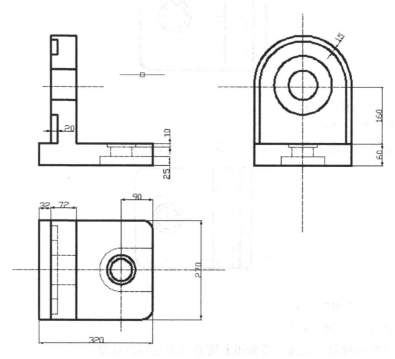

（3）单击格式，选择标注样式，选择替代，选择主单位，在前缀处，输入%%c，单击"确定"按钮，单击"关闭"按钮。

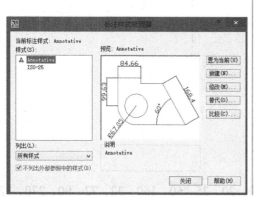

单击"线性标注"→⊢，指定第一条尺寸界线原点或 <选择对象>:80，120,160

指定第二条尺寸界线原点

（4）单击格式，选择标注样式→替代→文字，文字对齐处选择"水平"，单击"确定"按钮，单击"关闭"按钮。

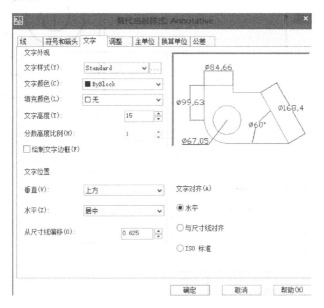

单击"标注圆半径"按钮→⊙

命令: _dimradius

选择圆弧或圆:

标注文字 = 32，完成标注。

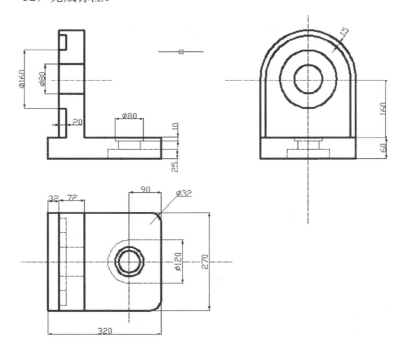

189

步骤 7：检查三视图，更改为需要的图层。

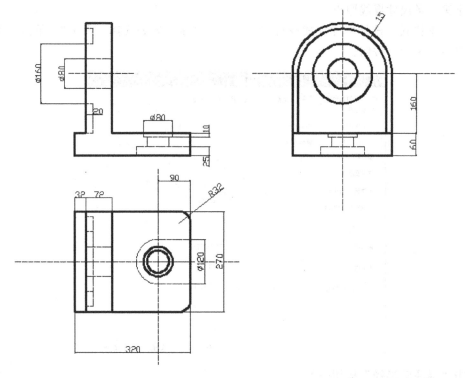

步骤 8：完成图形。

综合实例 4　超声波遥控电路原理图的绘制

操作范例：绘制如图 10-21 所示超声波遥控电路原理图。

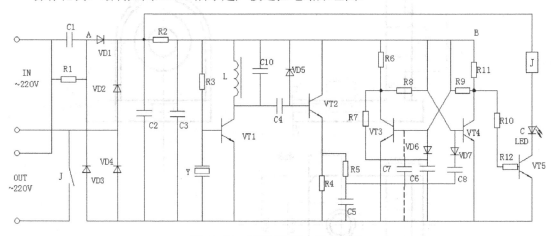

图 10-21　超声波遥控电路原理图

操作步骤：

步骤 1：绘图准备。

（1）创建图形文件，保存，文件名为超声波遥控电路。

（2）创建图层，如图 10-22 所示。

图 10-22　创建图层

步骤 2：创建电路元器件。

（1）绘制电阻符号，过程如图 10-23 所示，尺寸为 15×5，将绘制好的电阻创建成电阻块。

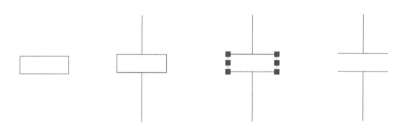

图 10-23　电阻符号绘制过程图

（2）绘制电容器符号，绘制过程如图 10-24 所示，尺寸为 15×5，创建成电容块。

图 10-24　电容符号绘制过程图

（3）绘制二极管符号，其过程如图 10-25 所示，边长为 6，创建成二极管块。

图 10-25　二极管符号绘制过程图

（4）绘制三极管符号，其尺寸如图 10-26 所示，创建成块。

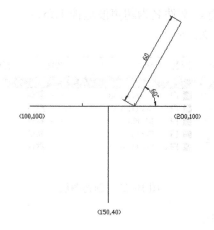

图 10-26　三极管符号绘制过程图

（5）绘制电感符号，半径为 R10，如图 10-27 所示，创建成块。

图 10-27　三极管符号绘制过程图

步骤 3：绘制线路图。

（1）绘制线路结构图，如图 10-28 所示。

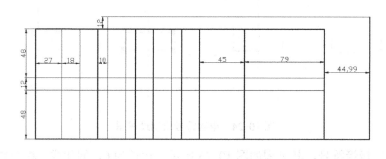

（a）

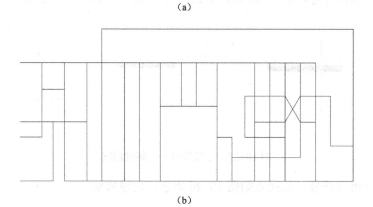

（b）

图 10-28　线路结构图绘制过程图

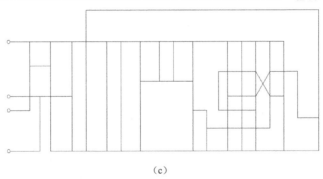

(c)

图 10-28　线路结构图绘制过程图（续）

（2）插入图形符号到结构图，将创建的块按位置分别插入图 10-28（c）中，完成后电路图如图 10-29 所示。

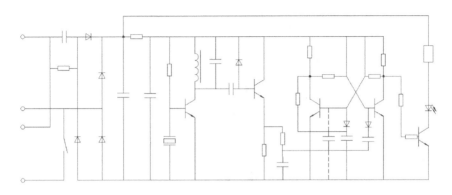

图 10-29　插入元器件块完成后的电路图

（3）添加文字和注释完成后的电路图如图 10-30 所示。

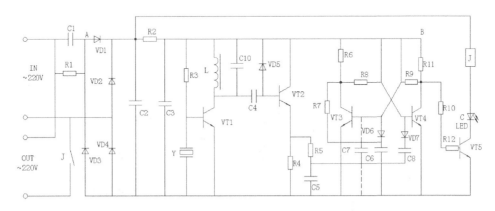

图 10-30　添加文字和注释完成后的电路图

综合实例 5　桥式起重机的控制电路

操作范例：绘制如图 10-31 所示某桥式起重机控制电路。

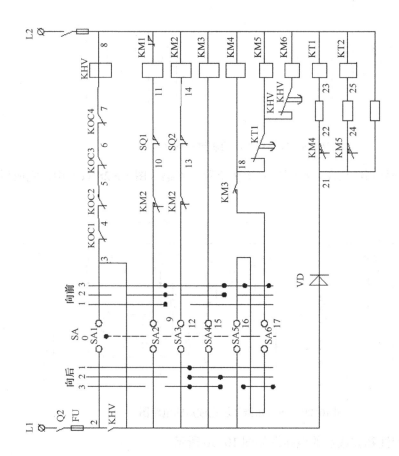

图 10-31　桥式起重机控制电路

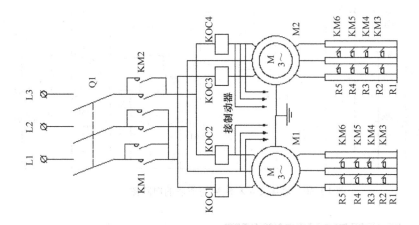

操作步骤：

步骤 1：绘图准备。

（1）创建图形文件，文件名为起重机控制电路。

（2）创建图层，如前所述。

步骤 2：绘制控制元件和电动机。

（1）三相电源开关的绘制，过程如图 10-32 所示，将 10-32（g）创建成电源块。

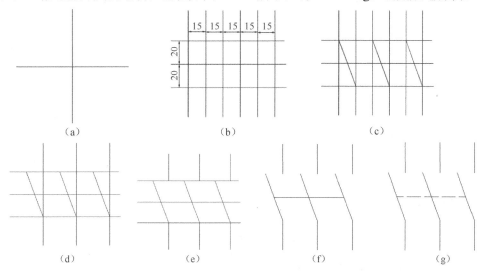

图 10-32 三相电源开关的绘制步骤

（2）KM 主触点的绘制，过程如图 10-33（a）～（e）所示，辅助触点如图 10-33（a）～（c）所示，将 KM 创建成块。

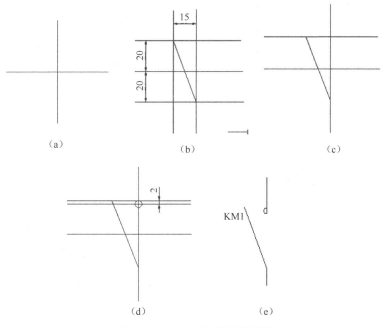

图 10-33 KM 主触点绘制过程

（3）三相电机块的绘制，其过程如图 10-34 所示。将其创建成块。

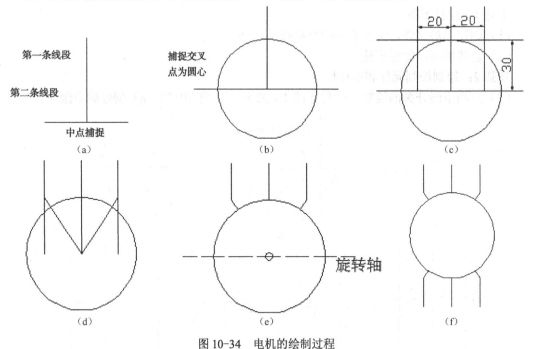

图 10-34　电机的绘制过程

（4）熔断器的绘制，过程如图 10-35 所示，将其制成熔断器块。

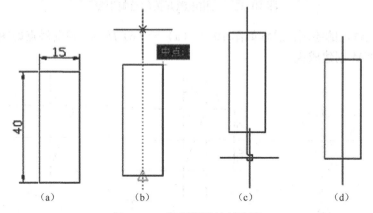

图 10-35　熔断器的绘制步骤

（5）KT 触点绘制，如图 10-36 所示。

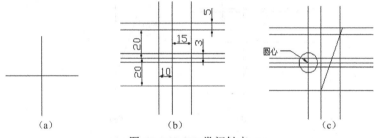

图 10-36　KT 常闭触点

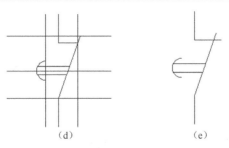

图 10-36　KT 常闭触点（续）

（6）常用元器件块定义，如图 10-37 所示。

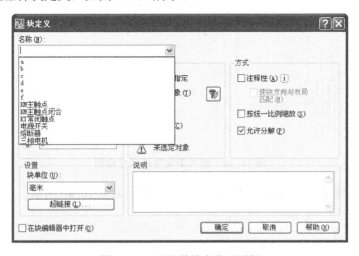

图 10-37　元器件块定义对话框

步骤 2：绘制电路线路图。

（1）绘制电路结构图。考虑到设计图纸图幅 A4 的尺寸以及整个线路的复杂度，确定元器件的预留间隔为 10，如图 10-38 所示。

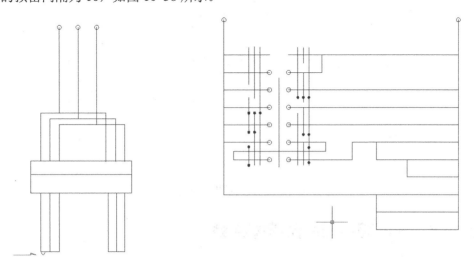

图 10-38　桥式起重机控制电路的结构图

（2）插入图块，如图 10-39 所示。

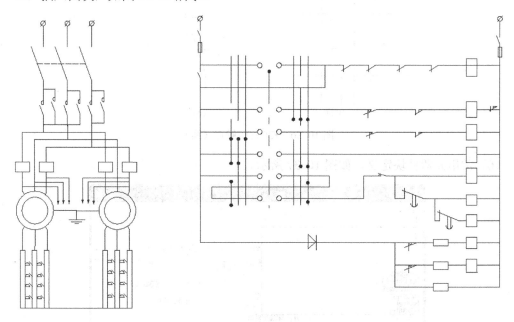

图 10-39　插入图块完成后电路图

（3）添加文字和注释，完成桥式起重机控制电路，如图 10-40 所示。

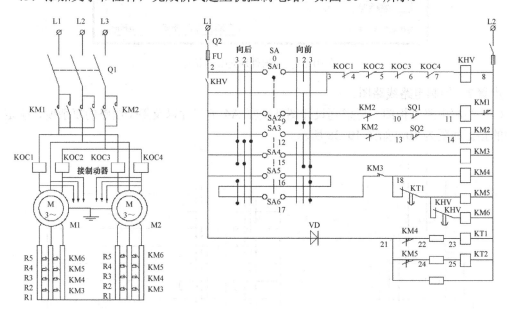

图 10-40　桥式起重机控制电路

综合实例 6　室内电气照明系统图绘制

操作范例：绘制标准层室内电气照明系统，如图 10-41 所示。

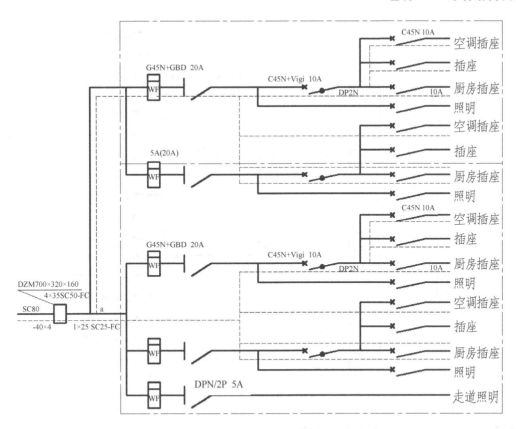

图 10-41　标准层室内电气照明系统

操作步骤：

步骤 1：按照图 10-42 所示尺寸确定照明配电箱的型号、安装位置、安装标高和安装方式。

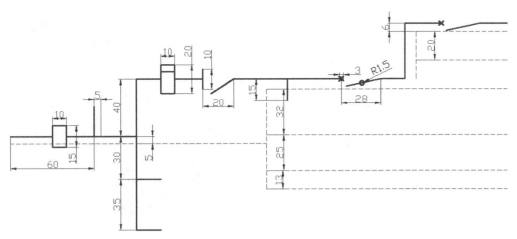

图 10-42　位置关系图

步骤 2：采用复制、移动、镜像、偏移等命令完成基本图形的绘制，如图 10-43 所示。

步骤 3：标注各种元件的型号及注释，完成图形的绘制，字幕高度 4，文字高度 10。

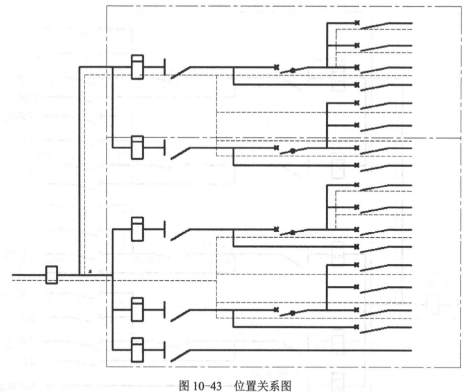

图 10-43　位置关系图

综合实例 7　三维实体造型实例

操作范例：绘制如图 10-44 所示支撑架的实体模型，通过此例子演示三维建模的过程。

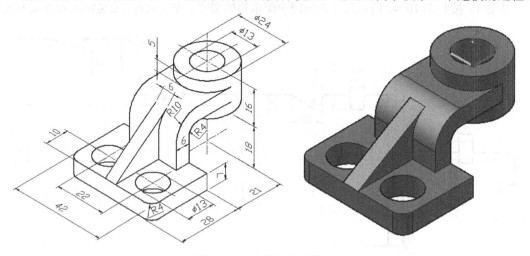

图 10-44　支撑架实体模型

操作步骤：

步骤 1：绘图准备。

（1）创建一个新图形，保存文件名为"zhichengjia.dwg"。

（2）进入三维建模工作空间，如图 10-45 所示。

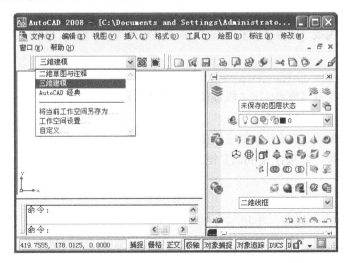

图 10-45　三维建模空间

（3）打开【视图】面板上的【三维导航】下拉列表，选择【东南等轴测】选项，切换到东南等轴测视图，如图 10-46 所示。

图 10-46　确定视图方位

步骤 2：绘图图形。

（1）在 XY 平面绘制底板的轮廓形状。

命令: _rectang

指定第一个角点或 [倒角(C)/标高(E)/圆角(F)/厚度(T)/宽度(W)]: 0,0

指定另一个角点或 [面积(A)/尺寸(D)/旋转(R)]: @42,28

命令: _chamfer

（"修剪"模式）当前倒角距离 1 = 0.0000，距离 2 = 0.0000

选择第一条直线或 [放弃(U)/多段线(P)/距离(D)/角度(A)/修剪(T)/方式(E)/多个(M)]:

命令: _fillet

当前设置: 模式 = 修剪，半径 = 0.0000

选择第一个对象或 [放弃(U)/多段线(P)/半径(R)/修剪(T)/多个(M)]: r

指定圆角半径 <0.0000>: 4

选择第一个对象或 [放弃(U)/多段线(P)/半径(R)/修剪(T)/多个(M)]:

选择第二个对象，或按住【Shift】键选择要应用角点的对象:

命令:

FILLET

当前设置: 模式 = 修剪，半径 = 4.0000

选择第一个对象或 [放弃(U)/多段线(P)/半径(R)/修剪(T)/多个(M)]: r

指定圆角半径 <4.0000>:

选择第一个对象或 [放弃(U)/多段线(P)/半径(R)/修剪(T)/多个(M)]:

选择第二个对象，或按住【Shift】键选择要应用角点的对象:

命令: _line 指定第一点:

指定下一点或 [放弃(U)]: <正交 开>

指定下一点或 [放弃(U)]: *取消*

命令:

命令: _offset

当前设置: 删除源=否　图层=源　OFFSETGAPTYPE=0

指定偏移距离或 [通过(T)/删除(E)/图层(L)] <1.0000>:　11

选择要偏移的对象，或 [退出(E)/放弃(U)] <退出>:

指定要偏移的那一侧上的点，或 [退出(E)/多个(M)/放弃(U)] <退出>:

选择要偏移的对象，或 [退出(E)/放弃(U)] <退出>:

指定要偏移的那一侧上的点，或 [退出(E)/多个(M)/放弃(U)] <退出>:

选择要偏移的对象，或 [退出(E)/放弃(U)] <退出>:　*取消*

命令:

OFFSET

当前设置: 删除源=否　图层=源　OFFSETGAPTYPE=0

指定偏移距离或 [通过(T)/删除(E)/图层(L)] <11.0000>:　10

选择要偏移的对象，或 [退出(E)/放弃(U)] <退出>:

指定要偏移的那一侧上的点，或 [退出(E)/多个(M)/放弃(U)] <退出>:

选择要偏移的对象，或 [退出(E)/放弃(U)] <退出>：　*取消*

命令：
命令：_circle 指定圆的圆心或 [三点(3P)/两点(2P)/相切、相切、半径(T)]：
指定圆的半径或 [直径(D)]: 6.5

命令：
CIRCLE 指定圆的圆心或 [三点(3P)/两点(2P)/相切、相切、半径(T)]：
指定圆的半径或 [直径(D)] <6.5000>：

（2）单击【视图】工具条中的面域图标，将底板创建成 3 个面域，结果如图 10-47 所示。

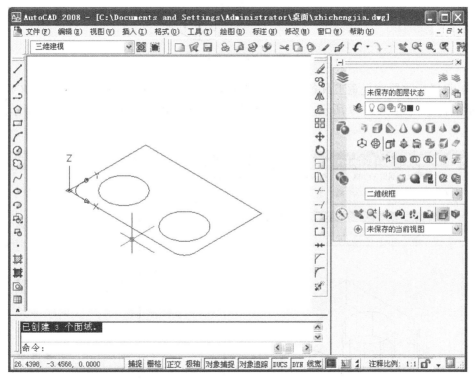

图 10-47　创建面域

命令：_region
选择对象：指定对角点：找到 8 个
选择对象：
已提取 3 个环。
已创建 3 个面域。

（3）单击【三维视图】面板上的差集布尔操作图标，把大的矩形面域减去两个圆形的面域。

（4）拉伸面域形，完成底板的实体模型。单击【三维视图】面板上的拉伸图标，拉伸

长度为 7，结果如图 10-48 所示。

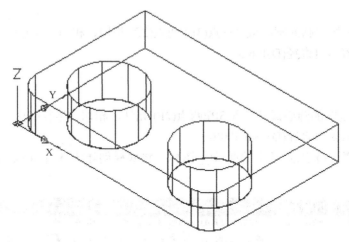

图 10-48　拉伸面域

（5）将鼠标放置在任意工具条上，右击鼠标，调用【UCS】工具条，单击【UCS】工具条中的图标，如图 10-49 所示，将坐标系统 Y 轴旋转-90°，结果如图 10-50 所示。

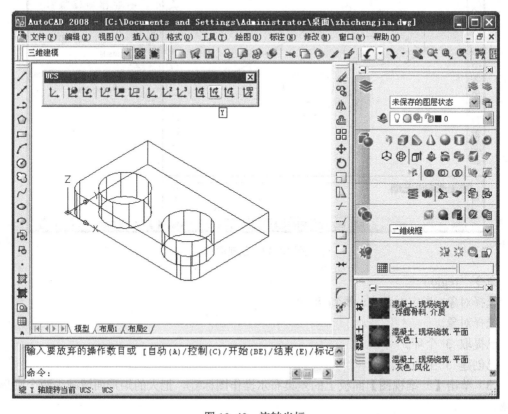

图 10-49　旋转坐标

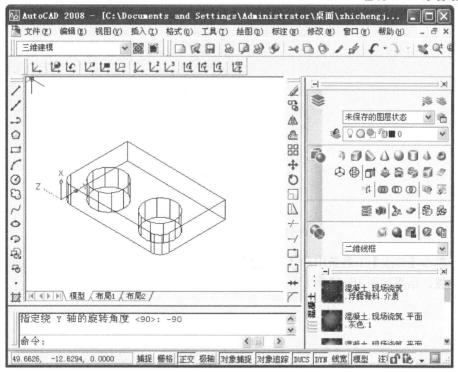

图 10-50 旋转坐标结果

（6）在新 **XY** 平面内绘制弯板及三角形筋板的二维轮廓，并将其创建成面域 A 和 B，结果如图 10-51 所示。

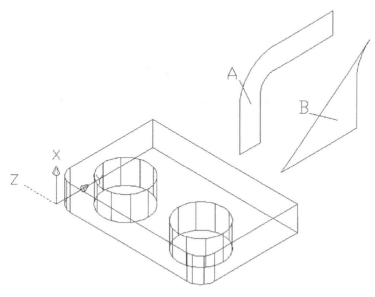

图 10-51 创建弯板及三角形筋板面域

（7）单击【三维视图】面板上的拉伸图标 ，拉伸面域 A、B，拉伸长度分别为 24 和 6，形成弯板及三角形筋板的实体模型，结果如图 10-52 所示。

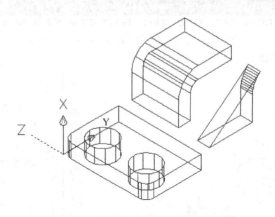

图 10-52　弯板及三角形筋板拉伸面域

（8）单击【修改】工具条中的【移动】图标✚，捕捉中点，将弯板及三角形筋板移动到正确的位置，结果如图 10-53 所示。

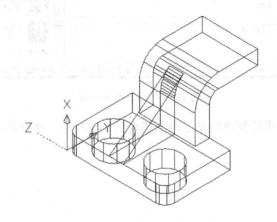

图 10-53　移动弯板及三角形筋板

（9）移动坐标系至中点（见图 10-54），结果如图 10-55 所示，将坐标系绕 Y 轴旋转 90°，如图 10-56 所示。

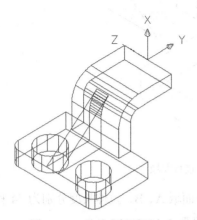

图 10-54　移动坐标系至中点

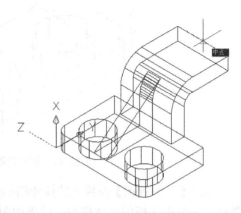

图 10-55　移动坐标系结果

（10）单击【三维视图】面板上的建立圆柱图标█，以底面坐标（0，0，−11）为原点，高度为 16，半径分别为 12 和 6.5，建立两个圆柱，如图 10-57 所示。

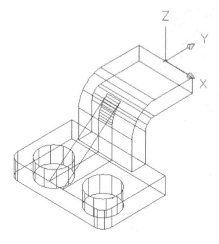

图 10-56　旋转坐标系结果

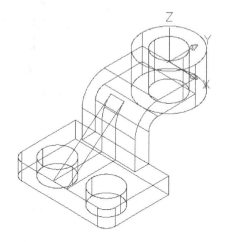

图 10-57　建立圆柱

（11）单击【三维视图】面板上的并集布尔操作图标█，合并底板、弯板、筋板及大圆柱体，使其成为单一实体，如图 10-58 所示。

（12）单击【三维视图】面板上的差集布尔操作图标█，从合并的实体中去除小圆柱体，结果如图 10-59 所示。

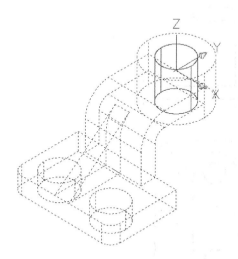

图 10-58　合并底板、弯板、筋板及大圆柱体

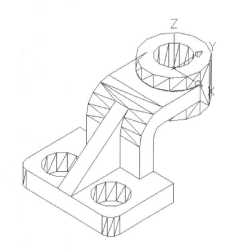

图 10-59　支撑架实体模型

操作训练 8

1．使用 A4 图幅，绘制如图 10-60 所示端盖图形，注意图形的布局。

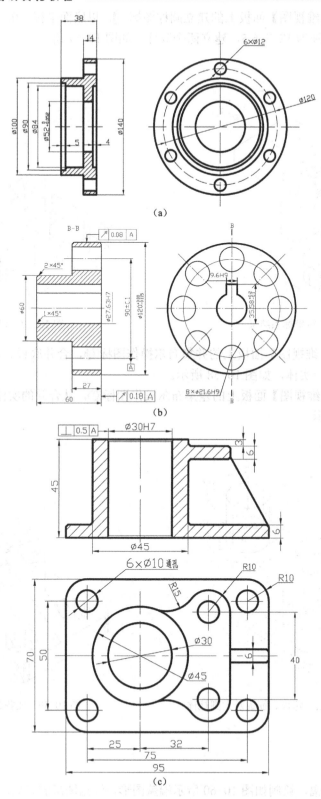

（a）

（b）

（c）

图 10-60

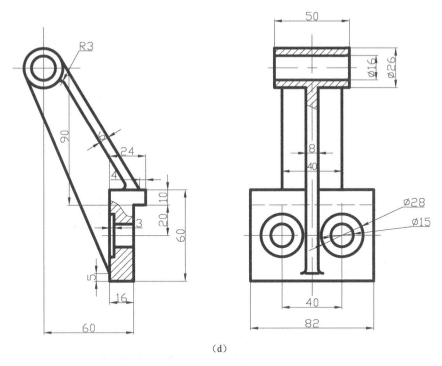

（d）

图 10-60（续）

2. 使用 A4 图幅，绘制如图 10-61 所示轴类图形，注意图形的布局。

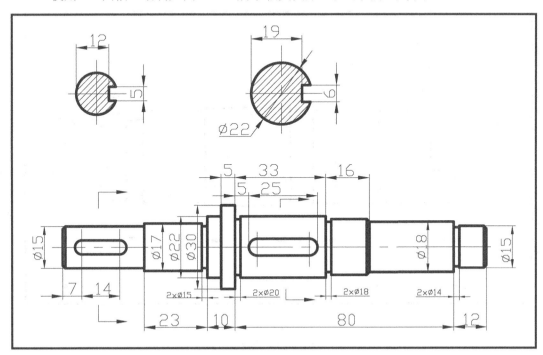

（a）

图 10-61

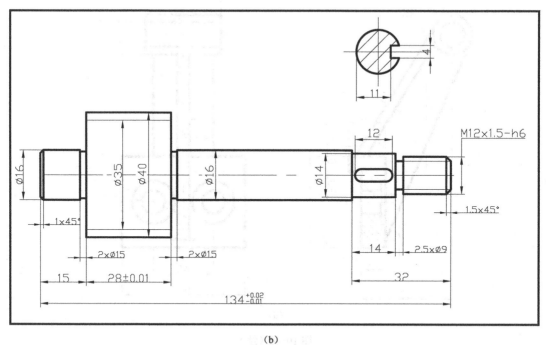

（b）

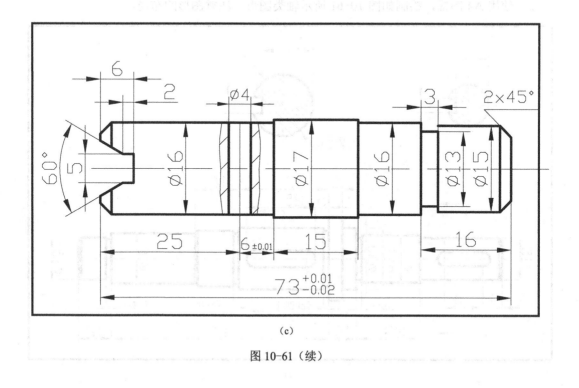

（c）

图 10-61（续）

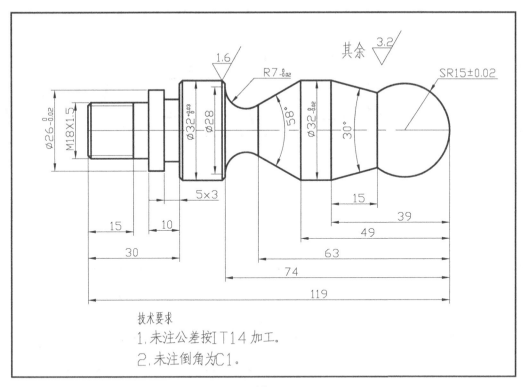

技术要求

1. 未注公差按IT14加工。

2. 未注倒角为C1。

(d)

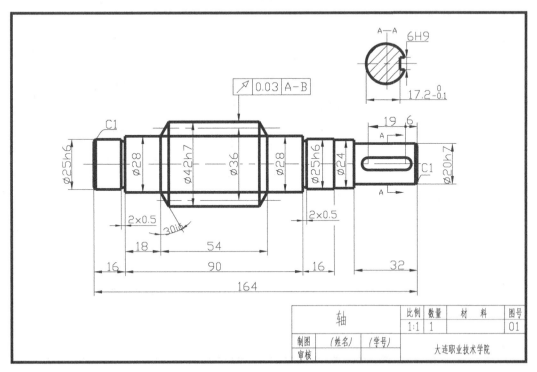

轴	比例	数量	材　料	图号
	1:1	1		01
制图	(姓名)	(学号)	大连职业技术学院	
审核				

(e)

图 10-61（续）

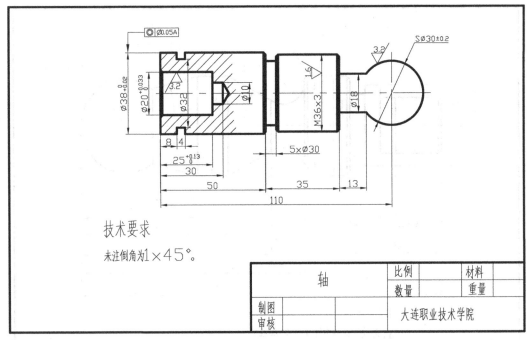

技术要求

未注倒角为1×45°。

		比例		材料	
轴		数量		重量	
	制图		大连职业技术学院		
	审核				

(f)

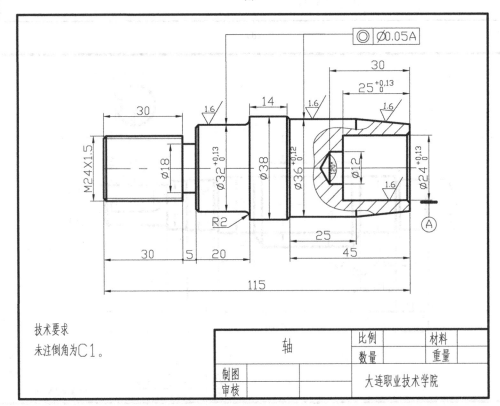

技术要求

未注倒角为C1。

		比例		材料	
轴		数量		重量	
	制图		大连职业技术学院		
	审核				

(g)

图 10-61（续）

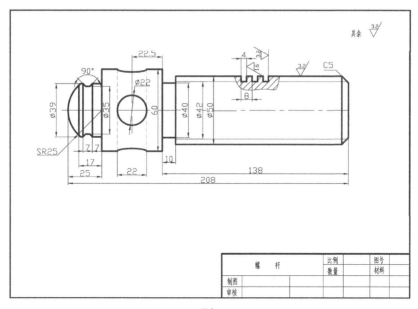

（h）

图 10-61（续）

3．绘制如图 10-62 所示图形。

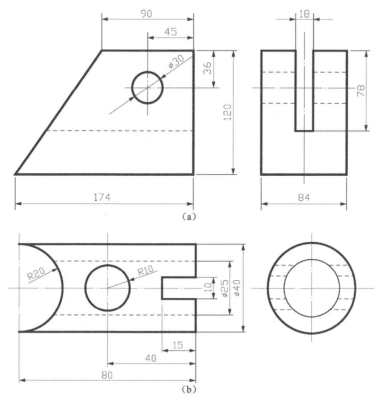

（a）

（b）

图 10-62

4. 绘制如图 10-63 所示电路图。

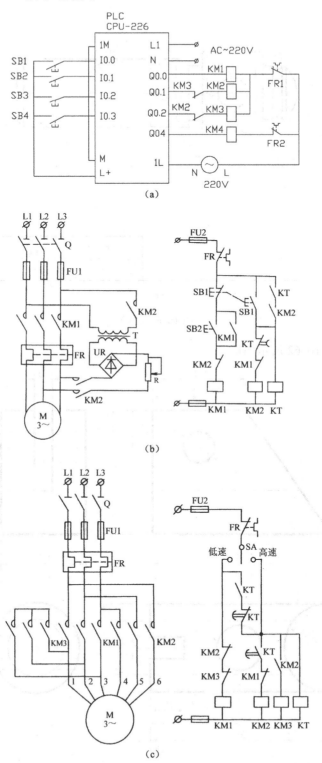

图 10-63

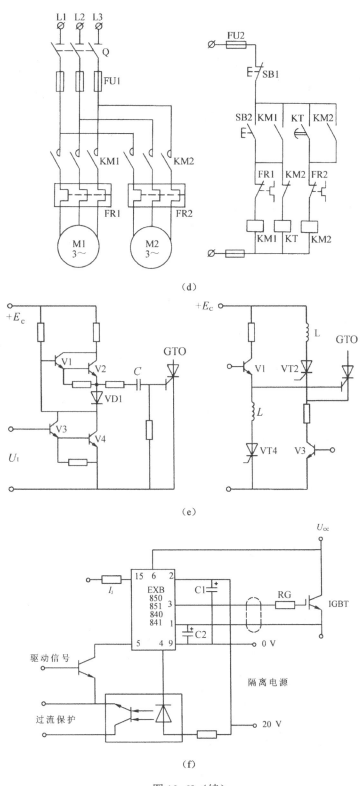

图 10-63（续）

5. 绘制如图 10-64 所示电路接线图。

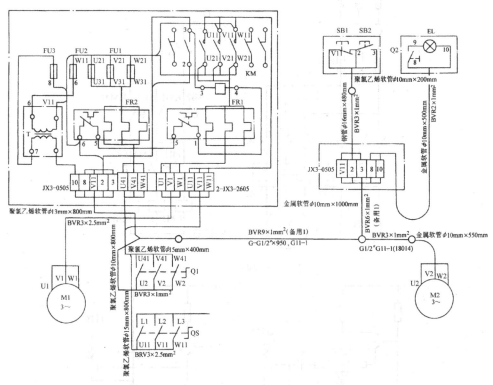

图 10-64

6. 绘制如图 10-65 所示三维图形。

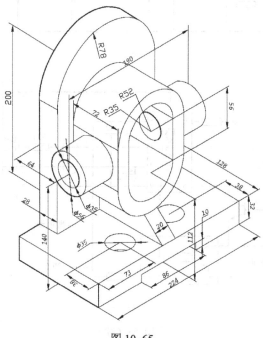

图 10-65

参 考 文 献

[1] 吕长恩. AutoCAD 2008 实例教程. 北京：机械工业出版社，2009.

[2] 王强，张小平. 建筑工程识图与制图. 北京：机械工业出版社，2003.

[3] 刘哲，谢伟东. AutoCAD 实例教程. 大连：大连理工大学出版社，2014.

[4] 宋昌平. 最新 AutoCAD 使用指南. 北京：经济管理出版社，2006.

[5] 陈冠玲. 电气 CAD. 北京：高等教育出版社，2014.

反侵权盗版声明

电子工业出版社依法对本作品享有专有出版权。任何未经权利人书面许可，复制、销售或通过信息网络传播本作品的行为，歪曲、篡改、剽窃本作品的行为，均违反《中华人民共和国著作权法》，其行为人应承担相应的民事责任和行政责任，构成犯罪的，将被依法追究刑事责任。

为了维护市场秩序，保护权利人的合法权益，我社将依法查处和打击侵权盗版的单位和个人。欢迎社会各界人士积极举报侵权盗版行为，本社将奖励举报有功人员，并保证举报人的信息不被泄露。

举报电话：（010）88254396；（010）88258888

传　　真：（010）88254397

E-mail：　dbqq@phei.com.cn

通信地址：北京市海淀区万寿路 173 信箱

　　　　　电子工业出版社总编办公室

邮　　编：100036